河南省省级一流本科课程相关教材

电子科学与技术类专业精品教材

半导体物理简明教程
——基于翻转课堂混合式教学

杜　凯　主编

电子工业出版社

Publishing House of Electronics Industry

北京·BEIJING

内 容 简 介

本书是基于"贯彻全国教育大会，进一步深化高等教育教学改革，提高高等教育教学质量和人才培养水平，推动一流本科课程建设"思路编写的。本书以线上线下混合式教学模式为主，主要介绍半导体物理基础知识。全书共 7 章，主要内容包括线上线下混合式教学模式、半导体入门知识、半导体中的电子状态、半导体中的杂质和缺陷能级、半导体中载流子的统计分布、半导体的导电性、非平衡载流子。

本书可作为高等学校材料类、物理类相关专业教学用教材，也可作为混合式教学探索的参考用书。

图书在版编目（CIP）数据

半导体物理简明教程：基于翻转课堂混合式教学 / 杜凯主编. —北京：电子工业出版社，2021.10
ISBN 978-7-121-42232-4

Ⅰ. ①半… Ⅱ. ①杜… Ⅲ. ①半导体物理学－高等学校－教材 Ⅳ. ①O47

中国版本图书馆 CIP 数据核字（2021）第 209818 号

责任编辑：孟　宇
印　　刷：三河市龙林印务有限公司
装　　订：三河市龙林印务有限公司
出版发行：电子工业出版社
　　　　　北京市海淀区万寿路 173 信箱　　邮编：100036
开　　本：787×1092　1/16　　印张：9.25　　字数：207 千字
版　　次：2021 年 10 月第 1 版
印　　次：2021 年 10 月第 1 次印刷
定　　价：49.80 元

凡所购买电子工业出版社图书有缺损问题，请向购买书店调换。若书店售缺，请与本社发行部联系，联系及邮购电话：（010）88254888，88258888。

质量投诉请发邮件至 zlts@phei.com.cn，盗版侵权举报请发邮件至 dbqq@phei.com.cn。

本书咨询联系方式：mengyu@phei.com.cn。

前　言

　　编者之所以编写本书，是因为在全国积极推广教学方法改革的大形势下，半导体物理教学改革方面的书籍偏少，可借鉴的线上线下混合式教学模式的成体系教材更少，因此不得不勉为其难，凭借多年的教学体会来摸索着蹚一条新路，期待能为致力于此的教育工作者抛砖引玉。本书的最初构思在 2018 年前后，陆续完成半导体专业知识的编写，课程创新方面的内容则是在 2020 年，随着在线教学的快速开展，编者越发体会到出版该书的重要性和迫切性。

　　本书共 7 章，第 1 章主要介绍线上线下混合式教学模式，第 2～7 章为半导体物理学相关内容，先将每章分割为知识点，再按课时整合进行讲授，每课时的内容均包含知识点、预留问题、课程思政点、课后思考和综合案例。

　　本书建议讲授 32～48 学时，在本校物理相关专业讲授时采用 32 学时（线下 24 学时+线上 8 学时）的学时安排，章节分配参考如下表所示。

序号	内　容	学　时
1	第 1 章　线上线下混合式教学模式	不占学时
2	第 2 章　半导体入门知识	2
3	第 3 章　半导体中的电子状态	9
4	第 4 章　半导体中的杂质和缺陷能级	3
5	第 5 章　半导体中载流子的统计分布	10
6	第 6 章　半导体的导电性	4
7	第 7 章　非平衡载流子	4
	合计	32

　　本书课程资源以自有配套资源为基础，同时辅助线上资料等其他资源。在线课程依托超星学习通设立的河南科技大学在线开放课程平台，采用 SPOC 方式开展教学，课程网址见二维码。

　　本书经过一年多的构思与探讨，终于成稿出版。由于作者是第一次编写教材，也是第一次将教学改革的一点收获公开地发表出来，因此书中难免存在失误或错误，不足之处请各位读者谅解并指正。

编　者

2021 年 6 月于洛阳

目　录

第 1 章　线上线下混合式教学模式

1.1　混合式教学的产生背景

混合式教学，是将在线教学和传统教学的优势结合起来的一种"线上"+"线下"的教学模式。从外在表现形式上，采用"线上"和"线下"两种途径开展教学，"线上"课程往往是由互联网课程或在线开放课程发展而来的，"线下"则是由传统教学方式发展而来的。

1996 年，美国《培训杂志》上发表了第一篇有关基于局域网培训的论文，由此"E-learning"模式诞生[1]。2001 年，著名学者辛格和瑞德对混合式学习方法进行了研究，他们认为，"混合式学习"（Blended Learning）通过广泛的网络资源实现适时、适当、适合的学习方法，让个体寻找最适合自己的教育方式和资源，是让个体学习获得最优秀的教育资源和学习方法[2]。国外学者对混合式学习的定义也不尽相同，柯蒂斯·邦克（Curtis J.Bonk）认为，混合式学习是面对面学习和计算机辅助在线学习的结合[3]。迈克尔·霍恩（Michael B.Horn）和希瑟·斯特克（Heather Staker）认为，混合式学习是课堂教学与自主网络学习相结合的产物[4]。Driscol 主要从 4 个方面对混合式学习方法进行了定义：基于多样化的网络技术、通过先进技术实现教学成果、先进的技术与传统的教学方式结合、应用到实际工作中，解决实际问题[5]。在我国，混合式学习最先由何克抗在 2003 年提出，他认为："Blended Learning"，实际上是数字网络学习与传统课堂教学方法的结合[6]。黎加厚等人则把"Blended Learning"理解为融合性学习模式，是基于优势教学因素的组合，共同服务于教学目标的实现[7]。李克东认为，将传统的面对面教学与在线学习两种不同方式进行整合，即目前的混合学习。其主要的核心思想是对不同问题和要求进行针对性的理解和解决[8]。于亚楠则综合以上观点归纳为，混合式教学是对各种教学方法的优势进行整合，将面对面的课堂教学与线上的网络学习结合起来。充分利用在线网络的教育资源，充分发挥课堂上教师的引导监督作用，二者共同致力于教学质量和效率的提高，实现共同的教学目标，同时发挥学生自身的主观能动性，不断促进学生学习，提高学习能力[9]。笔者对此深表认同，混合式教学是为了提高学生主观能动性、提高学习效率而催生的互联网时代的产物，哪些因素结合、如何结合、结合效果完全由最终目的达成度来决定，同时教师的角色不容忽视，要起到监督、引导的作用。拉丁语educare 是西方"教育"一词的来源，意思是"引出"或"导出"。古希腊的亚里士多德说："教育遵循自然。"同时，古希腊的另一位哲学家柏拉图也说："教育是约束和指导青少年，培养他们正当的理智。"

半导体物理是一门研究半导体内在物理规律的基础理论课程，本门课程着重讲解能带理论基础上的载流子情况，具体包括半导体中的电子状态，杂质和缺陷能级，载流子的统计分布及运动规律，半导体的导电性和非平衡载流子等，是固体物理进一步专业化的延续课程，也是功能材料、微电子器件和集成电路的起点课程，起到承上启下的衔接作用，在材料、电子、能源、动力、通信、照明等领域有着广泛应用。开设本课程的目的是使学生熟悉半导体物理学的基础理论和主要性质，能运用半导体内部理论知识对半导体材料的基本现象和性质加以解释，从而具备进一步学习相关专业所需基础知识和分析问题、解决问题的能力。

本书作者所讲授的半导体物理课程也有一个发展历程。半导体物理课程于 2001 年在河南科技大学理学院成立应用物理学专业时设立，2004 年，面向第一届本科生开课至今已有 17 年，本课程一般开设在大三下学期或大四上学期，目前是 32 学时，2.0 学分，是面向材料物理、应用物理学、新能源材料与器件专业的必修课程，是材料物理、新能源材料与器件专业的核心骨干课程，也是光电信息科学与工程系的选修课程。2004 年—2013 年仅教授应用物理学专业学生，之后陆续有材料物理等专业学生加入。初始课程主要以手写教案、板书教学为主，辅以课后作业、定期定点答疑。2012 年，课程教案改为电子教案并配以相关图片。2015 年，课程改为 PPT 课件多媒体授课，并建立考试题库，考试实施随机抽题组卷方式。2016 年，为集中学生注意力、提高听课率，课堂授课采用巡场讲课和随机提问方式，题库进一步扩充。2019 年，开始录制视频、标准化课件，建立知识点微课，并采用清华大学和学堂在线推出的雨课堂平台进行授课，小范围采用翻转课堂模式。2020 年新型冠状病毒肺炎疫情初期，在线开放课程建设完成并采用直播翻转课堂方式授课，授课期间在线题库建设完成（最终题库试题达 400 道），可随机组卷并完成线上章节测验和期末考试，不仅平稳渡过疫情期间教学难关，而且取得了良好的教学效果。同一学期，与理论课配套的半导体物理实验、实践课程同步上线，使得课程内容、形式更加立体化。2021 年，课程被评为省级一流本科课程。

教学方法的演变与学情是分不开的。2015 年之前，学生的学习方式较为传统、刻苦，学习方式相对单一，依赖课本和教师授课，之后的学生则逐步体现出新时代特征，思维较为活跃，有更多的自主意识和意愿、思路开阔，作为移动互联网熏陶下成长的新生代，他们对微信、小视频等信息技术传播手段掌握充分，其学习方式和思维习惯也与之前学生有了较大改变，习惯利用碎片化时间在线上学习，更倾向于快餐式、效果明显式教育，在更容易和乐于接受新事物的同时也存在缺乏耐心、基础不够扎实的缺点。部分学生不再认同传统的板书式教师满堂灌的教学模式，而倾向于更为直观、美化的课件展示，微课慕课、在线开放课程和"以学生为中心"的翻转课堂等新教学手段，也能够更快地接受雨课堂、学习通、爱课程等教学软件和平台。尤其在疫情期间，在线教学不仅发挥巨大的教育优势，也大大推动了课程改革的进程，全体学生经历了此次洗礼之后将更加倾向于接受新型的教学方法和教学理念。

1.2　混合式教学的基本理念

课程依托学校"培养德才兼备、基础扎实、善于实践、勇于创新、综合素质高、社会责任感强的应用研究型高级专门人才"的办学定位、学院"理工交融、以人为本"的办学理念和专业培养目标，采用线上线下混合式教学模式，利用学习通、直播等手段开展 SPOC 教学，对学生自学情况统计分析，针对性地开展智慧教室雨课堂模式翻转教学，在教材、教案、课件、视频和教学过程有机融入思政元素，配合虚拟仿真实验和创新实践现场教学，在培养学生知识体系和创新实践能力前提下，引导学生建立正确的"三观"。学习课程后，学生可牢固掌握半导体物理基础知识并付诸实践，养成自学、主动思考的良好习惯，具有对该领域某一科学或技术问题深入研究和独立开展工作的能力。

目前，本课程在教授过程中具体采用五维"三位一体"式线上线下混合式教学模式，坚持"以学生为中心、师生共建"的基本原则，落实"立德树人"的根本任务，将"三位一体"理念贯穿教学全过程。五维是主要从五个角度出发开展教书育人，但在实际实施时不仅限于这五个方面，"三位一体"式教学模式是多角度、全方位、立体化教学理念的集中体现，如表 1-1 所示。

表 1-1　五维"三位一体"式线上线下混合式教学模式

五维	"三位"			"一体"
教学目标	知识	能力	情感（思政）	以学生为中心 师生共建 立德树人
教学环节	课前	课中	课后	
教学角色	学生	教师	智慧信息平台	
课堂教学	效果考查	综合案例	角色翻转	
评价体系	态度	知识	能力	
	线上过程考核	线下过程考核	终结性考试	

教学目标：教学目标是让学生了解课程领域的历史和发展方向，理解并掌握课程的专业基础知识和体现高阶性的内在原理、自然规律；通过习题、活动、课外知识、现场实践等逐步培养学生的观察能力、动手能力、自主能力、协作能力、分析解决问题能力等来提高学生的综合素质；通过课程思政、教师人格魅力、职业操守、人生态度等协助、引导学生建立正确的人生观、价值观、世界观。

教学环节：课前、课中、课后的三段教学过程是不同的针对性内容，课前主要是视频预习、小组讨论、问题准备；课中是利用智慧课堂和小组分组结构，对课前内容进行考查的同时展开讨论，深层次分析、解决基本问题、客观规律，具体参看下面的课堂教学；课后是通过习题作业、现场实践教学、课外扩展内容进一步检验、巩固前两个环节的教学内容并进一步贴近实际应用，解决生产生活中的实际问题。这包括课程体系中开设的后续实践课程和课外现场教学环节，均配备有线上课程平台资源。如"专业课程设计 1"中的 PCB 电路设计与制作，设计和制作染料敏化太阳能电池、以光催化技术为核心的微型污水处理系统的制作、微型太阳能水净化装置的设计与制作等设计题目；"专业课程设计 2"中的气敏传感元件的组装与检测、高效 HER 催化材料设计、高效 OER 催化材料设计、高效光催化材料设计、光敏传感器设计与制作、输运性质可调控低维器件设计、电子性质可调控纳米带结构设计等设计题目；"专业综合实训"中的单片机气敏传感系统、光伏组件封装及测试等训练项目；在"毕业实习"课程中，到半导体、太阳能行业进行实地参观和实操。同时线上课程资源中配备有《电路模拟仿真设计》模块和《固液相变及硅单晶生长实验》[10]（见图 1-1）、《紫外高速激光直写光刻系统》[11]等虚拟仿真实验项目，用于学生开展线上实验、实践教学。

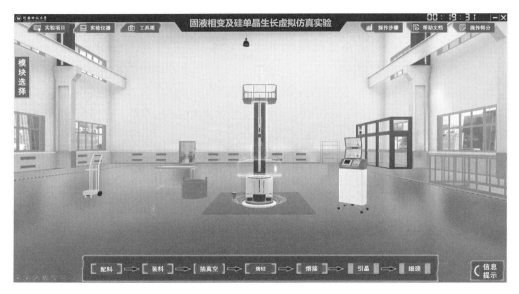

图 1-1　固液相变及硅单晶生长实验

教学角色：学生、教师和平台在各教学环节均需密切配合，共同达成教学目标。例如，课前环节，教师提供给学生教学视频、PPT、预习导向性问题等基础教学资料，开展 SPOC 教学；学生通过线上自主学习、有针对性的小组讨论来准备课堂学习；平台提供了线上便利和后台数据支持，为教师明确下一步开展工作的方向，教师再次通过分析、综合数据将其反馈给学生来开展教学。

课堂教学：按小组进行教学活动，一般采用三种活动开展方式：效果考查、综合案例和角色翻转。效果考查是针对课前预习时安排的引导性问题进行提问、检验的，然后通过小组讨论来进行知识点巩固；综合案例则是通过 PBL/CBL（问题导向/案例导向）模式，采用思维导图、现场展示等环节来解决综合性、有挑战性的问题，将之前所学知识点通过由点到面的融会贯通来巩固知识体系；角色翻转是教师学生角色互换，学生组织微型限时PPT并展示，开展评比，促进团队建设的同时增强竞争意识，达到"以教促学"的目的。

评价体系：从本质上按学生态度、知识和能力三个角度进行评价，具体实施通过过程考核（线上线下）和期末考试来实现。

1.3　混合式教学的基本流程

1. 线上教学资源

课程资源以本教材为基础，同时辅助有线上资料等其他资源。在线课程依托超星学习通设立的河南科技大学在线开放课程平台，采用 SPOC 方式开展教学，课程网址见二维码。

为满足学生微课学习要求，将所教授的章节内容（见图 1-2）分割为 40 个知识点并配备相应文本和视频资源（见图 1-3）。

图 1-2　"半导体物理"课程章节内容

本课程在线资源总体划分为课程信息类、教学素材类、教学扩展类、教学评价类。

（1）课程信息类。

本部分包括负责人介绍、教师团队介绍、课程介绍、教学大纲、课程定位、参考教材、课程章节、评价标准、说课视频等基本信息。

知识点分解

第一章 半导体中的电子状态（含绪论）	
知识点1：半导体理论的发展	知识点2：半导体器件发展前期
知识点3：半导体器件发展中期	知识点4：半导体器件发展后期
知识点5：半导体材料发展	知识点6：什么是半导体物理？
知识点7：半导体的晶格结构	知识点8：原子的能级到晶体的能带
知识点9：晶体能带的量子表述	知识点10：布里渊区
知识点11：导体、半导体、绝缘体	知识点12：能量速度加速度
知识点13：有效质量	知识点14：回旋共振测有效质量
知识点15：硅导带结构-磁场[111]	知识点16：硅导带结构（续）

第二章 半导体中杂质和缺陷能级	
知识点17：间隙式、替位式杂质	知识点18：施主受主杂质
知识点19：杂质补偿、深能级杂质	知识点20：III-V族化合物杂质
知识点21：缺陷、位错能级	

第三章 半导体中载流子的统计分布	
知识点22：状态密度	知识点23：载流子统计分布/费米分布
知识点24：载流子统计分布/载流子浓度	知识点25：本征半导体载流子浓度求解
知识点26：本征半导体判定标准	知识点27：杂质半导体E_F分区
知识点28：低温弱电离区、中间电离区	知识点29：强电离区
知识点30：过渡区、高温本征激发区	

第四章 半导体的导电性	
知识点31：载流子的漂移运动和迁移率	知识点32：载流子的散射
知识点33：迁移率与杂质浓度、温度的关系	知识点34：电阻率与杂质浓度、温度的关系

第五章 非平衡载流子	
知识点35：非平衡载流子的注入	知识点36：非平衡载流子寿命
知识点37：直接复合	知识点38：恒定光照
知识点39：载流子的扩散运动	知识点40：载流子的漂移运动

图 1-3　"半导体物理"课程知识点分解

（2）教学素材类。

本部分包括知识点教学视频（41 个）、与之配套的多媒体教学课件（50 个）、动画（13 个）等，如图 1-4 所示。

资源基础统计数据

各资源类型分布及占比情况

图 1-4　"半导体物理"课程在线资源情况

（3）教学扩展类。

本部分包括外用链接视频（8 个）、虚拟仿真实验（2 个）及半导体领域的介绍性科普文章、半导体科研领域研究论文等。

（4）教学评价类。

本部分包括在线测试题库（含习题 400 多道，见图 1-5）、章节测试（6 个）、作业布置（6 次）、调研交流讨论等。

图 1-5 "半导体物理"课程在线题库情况

以上资源持续更新中，数据统计源自 2020 年 12 月底。

2. 线下翻转课堂

开课第一课时系统介绍课程信息和课程实施步骤，通过"学习通"对学生进行分组，一般学习小组初始可按学号进行划分，然后根据前期其他专业科目学生成绩情况和学生意愿进行调整，保证每个小组中的学生各级能力水平呈比例体现（小组中应有优、良、中不同水平学生），分配学生角色（组长、副组长、纪律委员等），每组学生不超过 6 名，以积极主动学生带动、监督后进学生共同进步。

整个教学过程主要分为课前、课中、课后三个主要阶段（见表 1-2）。首先，教师课前（提前 1 周）发布下一周课程通知，安排线上自学学习资源，明确学习任务和目标；然后，通过线上数据综合分析，掌握学生的预习情况并记录备用，从而实施有针对性的课堂讲授。为保证预习效果，每个知识点布置 2～3 个与之相关的研讨问题，学习小组在成员自学过程中，利用一周时间将下周内两次课程的多个知识点进行小组讨论，组织好发言准备。

表 1-2　课前、课中、课后三个阶段

		课前（线上）	课中（线下）	课后
		以在线开放课程为基础，以问题为导向，引导学生自主学习和小组研讨	课堂检验自学和研讨效果，巩固知识点，收集意见	检验课堂效果，巩固、扩展再提高
教师		布置学习目标、任务 布置研讨问题 分析学生预习情况 答疑解惑 …	研讨效果检验 组织交流讨论 巩固知识点 收集意见 …	答疑解惑 发布作业 数据分析 扩展提高 …
学生		在线预习并反馈 小组讨论 …	思考回答 交流讨论 反馈意见 …	知识强化 巩固复习 交流讨论总结 拓展训练 …

课中主要是课堂创新，每堂大课 90 分钟，首先进行 10 分钟课程回顾，然后利用 40～60 分钟对本堂课涉及的研讨问题进行提问、记录、评分，最后的时间用于本堂课内容的巩固、再讨论和总结。通过学习通、雨课堂等教学手段保证师生在线上线下充分地交流和沟通，并及时收集、分析学生反馈意见进一步调整完善教学资源、革新教学方式。

课后是采用布置作业、章节测验、教师答疑、虚拟仿真实验和现场观摩（实践）等多种方式来对学生进行效果检验、成果巩固和扩展提高，是针对课堂知识体系的延续。

3. 课程测试与评价

根据本课程特点，建立过程评价与期末考核评价相结合的考核评价体系。过程评价包括线上和线下两部分；线上主要是借助学习通系统统计，包括签到、预习情况（任务点）、互动交流讨论、作业、章节测验等，有较为合理的比例分配，并在一定范围内实施动态调整，如表 1-3 所示。让学生在平时的学习中保持兴趣和进取心，以极大的热情投入课程学习中；线下主要采用翻转课堂，通过课堂抽检和小组讨论方式进行评价，随机抽取学生回答问题，学生回答情况决定小组评级，评级与线上分数连动得出线下评价分数（线上小组得分×分级参数=小组线下得分）。通过线上线下评价体系连动，督促学生两方面兼顾从而保证课程的连续性和完整性。期末考试采用随机抽取试题库试题组卷的方式进行，分为 A 卷（客观题）和 B 卷（主观题），具体实施时可根据情况进行现场考试（实体考场）和线上考试（可实体、可虚拟）两种方式。

表 1-3　课程评价参考

课程评价			
过程考核 50%			期末考核 50%
线上评价 60%		线下评价 40%	
签到	10%	效果考查	60%	课程考试 50%
任务点-视频学习	30%		
任务点-章节学习	10%	综合案例	20%
互动	15%		
作业	15%	角色翻转	20%
小测验	20%		

注：线上评价 50%～70%，线下评价 50%～30%，可以根据具体情况动态调整。

1.4　混合式教学的特色与问题

1. 特色一　五维"三位一体"式教学法

五维是指从教学目标（Aim）、教学环节（Link）、教学角色（Role）、课堂教学（Teaching）、评价体系（Evaluate）五个方面来实施、把控和评估教学，简写为 ALERT；每个维度又从三个角度（"三位"）展开，三个角度互相辅助、融合形成一个有机整体；"一体"就是一个核心。五维、三位均紧紧围绕这个核心，那就是以学生为中心，以学生客观需求、心理预期和发展要求为根本出发点，要符合事物发展的客观规律，符合唯物主义辩证法，而不是简单满足学生等群体某些不切实际的主观期许，不是传统教学中普遍存在的"似乎学了"的假象，而是实际意义上的主动学习、灵活掌握和实际运用。继承传统教学中所倡导的对知识点和概念的掌握、公式推导逻辑性科学性等优点，结合教学改革创新的新方法；克服传统教学中思维定势、死记硬背、生搬硬套、突击考试等缺点，以及新方法中碎片化导致的系统性和逻辑性不连贯、不流畅的新问题。

现阶段课程改革取得了良好的教学效果（见图 1-6），不仅调动了学生的积极性和自主性，而且有利于教师改进课程设计，有利于教师发布视频、课件和作业，有利于与学生沟通、答疑，大大提高了教学效率。采用在线理论教学、实验实践/现场观摩教学、思政教学（"三位一体"）相结合的模式，不仅让学生深刻理解书本中的知识，更使其接触到现场、实物，充分调动学生观察分析能力、自主动手和学习能力，采取抽检、考查等方式避免之前存在的作业抄袭、惰性思维等问题。该课程获得了学生的积极参与和一致好评，目前课程学习次数 30 多万次，评价较高（见图 1-7）。

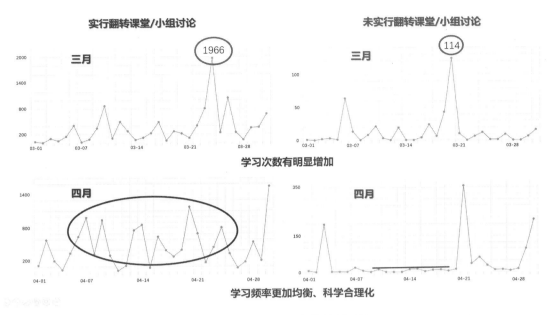

图 1-6 同学期同一课程的效果对比

图 1-7 2019—2020 年第二学期疫情期间的课程效果

2. 特色二 课程思政融入

"半导体物理"课程紧跟国家发展战略目标，因时、因材施教，开展课程思政。

2016 年 3 月，美国商务部对中兴通讯股份有效公司（简称中兴）实施出口限制措施，导致公司暂时停牌交易。

2017 年 3 月，总部在深圳的中兴因被控违反美国的制裁，同意接受处罚，支付 11.9 亿美元的罚款。

2018 年 3 月，中兴主动向美国政府相关部门和监察官报告相关情况。

2018 年 4 月 15 日，美国国家网络安全中心发出新建议，警告电信行业不要使用中兴的设备和服务。

2018 年 4 月 16 日晚，美国商务部发布公告称，美国政府在未来 7 年内禁止中兴向美国企业购买敏感产品。

2018 年 5 月，中兴公告称，受拒绝令影响，本公司主要经营活动已无法进行。

2018 年 7 月，美商务部表示已与中国中兴签署协议，取消近三个月来禁止美国供应商与中兴进行商业往来的禁令，禁令将在中兴向美国支付 4 亿元保证金之后解除。

2018 年 7 月 14 日，中兴宣布"解禁了！痛定思痛！再踏征程！"的标语。

2019 年 5 月 16 日，美国商务部以国家安全为由，将华为及其 70 家附属公司列入管制"实体名单"，禁止美企向华为出售相关技术和产品。

2019 年 5 月 20 日，谷歌暂停与华为的业务合作，并不再向华为授权提供谷歌的各种移动应用，其后，英特尔、高通、赛灵思和博通等芯片设计商和供应商也开始停止向华为供货。

2019 年 5 月 23 日，英国电信运营商 EE 宣布下周启用 5G 服务，不支持华为 5G 手机；英国芯片设计商 ARM 断供华为；微软、东芝、日本两大通信运营商 KDDI 和软银等企业也与华为暂停了业务合作。

2019 年 5 月 25 日，SD 协会、JEDEC 协会和 PCI-SIG 组织三大国际标准组织从会员名单中移除。

2020 年 9 月 15 日，美国全面对华为"麒麟"芯片断供，包括台积电、高通、三星及 SK 海力士、美光等都将断供芯片给华为。

2020 年 11 月 17 日，华为正式对出售荣耀业务发布了声明。华为表示，为让荣耀渠道和供应商能够延续，华为决定整体出售荣耀业务资产。

半导体领域关键技术的解决是国家中长期规划的重中之重，半导体基础理论知识的学习是解决关键技术问题的前期保证，高校大学生是未来解决卡脖子问题的中坚力量，切实推行半导体领域课程的教学创新改革势在必行。

3. 特色三 多手段有机结合

本书采用线上线下混合式教学的同时，教学内容和手段也体现出多样性，书中章节在采用知识点分割并配有视频的基础上，课堂中的典型案例、随堂练习和课后作业也充实其中，并按照课时（1 课时等于 2 学时）将知识点统筹分配，这样可以全方位、多角度考查学生对知识的掌握，有助于学生对知识的运用和专业能力的提高。

任何一个发展出现的新事物在取得其积极成效一面的同时，也不可避免地出现坎坷和困难的一面，"半导体物理"在试行线上线下混合式教学模式两年以来，也存在一些突出问题。初始阶段（第一年）的问题有以下几个方面。

（1）学生线上预习的实际效果未达到预期效果。由于学生长期以来形成的惰性、拖延症等问题难以在短期内取得快速、全面改善，存在一定的学生网上预习不及时、课前讨论不积极等敷衍、应付情况。

（2）小组间存在较大差距。分组先后采用学号排序依次划分和学生自由组合两种方式，但都存在个别小组的整体学习积极性和效果较差的情况，第一种组合是自然形成的情况，而第二种组合则是学生主观意愿上形成的，即学生成绩偏优良的学生有不愿与平时约束力差、成绩偏低的学生组合的倾向。

（3）课堂时间、环节安排不合理导致学生参与度较低。不仅学生受到传统教学方法的影响较为深远，教师也存在一定的惯性思维约束，同样的时间内采用翻转课堂的同时又要拿出一定时间讲解知识点，必然感到时间紧张；同时，翻转课堂需要对课堂环节进行紧凑、详尽的细节性设计，并需要做好各方面的预案设计，以便让学生自然流畅地体验学习乐趣并逐步建立对新教学方法的认识。

经过一年的教学经验总结、校内外的培训、会议交流和教学团队讨论分享等方式，以上问题目前已顺利解决，给出的方案如下。

（1）提前一周时间布置任务点，学生预习期间分 2、3 次进行不同程度提醒；通过在线学习平台提供的统计功能（如预习时长、反刍比、内置测试题等）检验预习效果，并将预习效果较差的学生作为课堂提问的主要对象和讨论的主角。

（2）对学生之前的学习成绩、积极性等情况通过其他课程予以统计、分析，将个别学习落后的学生分散分配到各个小组，将其作为主要考察对象，并将其评价结果与小组评价挂钩，督促小组其他成员对其帮扶以达到小组集体进步的目的。

（3）教师需要全面、详尽地进行课堂设计并具体各环节时间把控，换位思考学生可能出现的反应并做好每个环节的预案，课后多与学生交流以掌握课堂效果并及时改进。

在前期问题解决的基础上，随着课程的推进又出现了新的问题，现阶段存在的问题如下。

（1）大班教学翻转课堂效果受影响。

（2）线上翻转课堂的效果受客观条件制约。

（3）课堂教学环节的衔接需精雕细琢。

对于新出现的问题，任课教师和教学团队已经在认真思考，相信在新的学期课程进行过程中，可以同学生们一起将其完美解决，也欢迎看过本书并有志于课程创新改革的同人提出宝贵的意见和建议，我们一同在教学改革中进步和享受其带来的乐趣。

参考文献

[1] 何克抗.E-learning 与高校教学的深化改革（上）[J].中国电化教育，2002（2）：8.

[2] Harvi Singh，chris Reed.A white paper：Achieving success with blended learning[J].Centra Sofeware，2001（12）：1-4.

[3] 詹泽慧，李晓华.混合学习：定义、策略、现状与发展趋势——与美国印第安纳大学柯蒂斯•邦克教授的对话[J].中国电化教育，2009（12）：1.

[4] 田世生，傅钢善.Blended Learning 初步研究[J].电化教育研究，2004（7）：8-9.

[5] （美）迈克尔•霍恩（Michael B.Horn），（美）希瑟•斯特克（Heather Staker）.混合式学习翻译小组译.混合式学习：21 世纪学习的革命[M].北京：机械工业出版社，2016：103.

[6] 何克抗.从 Blending learning 看教育技术理论的新发展[J].电化教育研究，2004（3）：5.

[7] 黎加厚.关于"Blended learning"的定义和翻译[EB/OL].http://www.zbedu.net/jeast/.

[8] 李克东，赵建华.混合学习的原理与应用模式[J].电化教育研究，2004（7）：1-6.

[9] 于亚楠.普通话课程线上线下混合式教学模式初探[J].高教学刊，2018（23）：

[10] 李立本.固液相变及硅单晶生长实验.http://www.ilab-x.com/details/v5?id=5253&isView=true.

[11] 徐弼军.紫外高速激光直写光刻系统.http://www.ilab-x.com/details/v5?id=5328&isView=true

第 2 章　半导体入门知识

第 1 课时

知识点

知识点 1：半导体理论的发展。

知识点 2：半导体器件发展前期。

知识点 3：半导体器件发展中期。

知识点 4：半导体器件发展后期。

知识点 5：半导体材料的发展。

预留问题

1．能够说出半导体的 2～3 个具体应用形式和基本原理。

2．能够简单描绘出半导体发展史上的关键节点（3 个以上）。

3．你能从半导体物理的发展历史中领悟到什么道理或规律？

课程思政点

1. 国内外时代对比——谈科技强国与改革创新。

2. 创新思维和管理理念的重要性。

3. 跨国企业发展理念与中国企业的未来。

课堂案例

查阅中国半导体发展史：关键节点、关键人物、关键成果。以讲故事或 PPT 的方式展示国内半导体发展的某一历史事件或节点。

2.1　半导体基本概念范畴

在学习本课程之前，我们首先需要了解三个概念范畴，对半导体物理学有初步掌握。

1. 半导体

可简单定义为导电性能介于导体和绝缘体之间的一类物质。该定义未从本质上进行解释，但给出了半导体的重要内在特性，即导体（Conductor）、绝缘体（Insulator）和半导体（Semicondutor）的区别在于导电性能。

2. 半导体物理

半导体学科的历史并不长，半导体领域的基础课程涉及半导体材料、半导体工艺、半导体器件等，其中半导体物理又是基础课程中的基础理论性课程。

"物理"意味着依托物理思想去研究半导体，物理是一门实验科学，客观地反映现实世界，同时上升到理论的高度，来进一步阐释各种实验现象。物理（事物的本质规律）是从最根本上讲对事物的内部结构、运动方式和相互作用去研究的科学，因此在学习半导体物理之前，需要四大力学（理论力学、热力学与统计物理、电动力学、量子力学）和固体物理的前期基础知识。

半导体物理主要讲解半导体内在的本质理论。具体内容可划分为：载流子、半导体器件和半导体的应用。载流子是指电子和空穴，以能带论为主要理论。半导体基本器件，主要有 pn 结、金属-半导体接触、MIS 结构和异质结。半导体的应用，主要源自半导体具有的一些基本物理特性，如力、热、电、光、磁等（与四小力学部分对应）。

3. 半导体的应用

单纯半导体的特性：能阻特性（热敏、光敏等）、掺杂特性。

（1）电学特性：电的特性主要是通过半导体器件来体现的，基本的器件有二极管、三极管和场效应管。该特性应用广泛，包括计算机、手机等电子设备、家用电器等。

二极管（Diode）：单向导通；整流、检波、开关。

三极管（Triode）：电流放大；信号放大，开关。

场效应管（含 MOS）：作用同三极管，适用于小电流放大，功耗小。

（2）力学特性：压敏电阻、压阻传感器。主要用于汽车制造、航空航天等。

（3）热学特性：热敏温度计。如冰箱、空调等。

（4）磁学特性：主要用于 GPS 导航。

（5）光学特性：光电效应、电光效应。如太阳能电池、显示器材等。

生活中如此，在军事上自不必说。军事上的半导体也主要应用于电子设备，传感器就是其中重要的战场"眼睛"，甚至其重要性已经超过杀伤性武器。热敏传感器可以精确定位目标，卫星遥感系统可以监测电磁波，无人机布撒微型压敏、光敏传感器，可以对大规模军事行动了如指掌。

半导体有如此重要而广泛的用途，那它是如何出现的？其内在性质是如何随外界能量的输入而发生改变的？又有怎样的变化规律？大家将在本书中得到答案。

2.2 半导体发展简史

半导体的发展史简单分为半导体理论的发展、半导体器件及相关领域的发展和半导体材料的发展三部分。

1. 半导体理论的发展

1900 年　　　普朗克辐射量子假说（黑体辐射）。

1905 年　　　爱因斯坦发展量子说——光量子。

1913 年　　　玻尔建立原子的量子理论——旧量子论。

1928 年　　　普朗克研究金属导电，提出能带论。

1931 年　　　威尔逊在能带论基础上提出半导体物理模型，用能带论解释了导体、绝缘体和半导体的导电特征。

1932 年　　　威尔逊提出杂质能级概念。

2. 半导体器件及相关领域的发展

1947 年　　　贝尔实验室的肖克莱、巴丁和布拉顿制出第一个点接触晶体管。严格意义上讲，晶体管泛指一切以半导体材料为基础的单一元件，包括各种半导体材料制成的二极管、三极管、场效应管等。我国习惯中，晶体管多指三极管。

1950 年	奥尔、肖克莱发明离子注入工艺。
1956 年	富勒发明扩散工艺，一般是高温扩散。
1958 年	德州仪器基尔比发明第一块 Ge 制集成电路——历史性飞跃。
1958 年	仙童公司诺伊斯发明第一块 Si 制集成电路。
1960 年	Loor 和 Castellani 发明光刻工艺。
1961 年	仙童公司批量生产只有 8 个元器件的第一个集成电路。
1963 年	仙童 Wanlass 首次提出 CMOS（互补金属氧化物半导体）技术。
1964 年	Intel 创始人摩尔提出摩尔定律。
1969 年	Intel 生产第一块 1KB 动态随机存储器 DRAM（内存）。
1971 年	全球第一个微处理器 4004 由 Intel 公司推出，采用 MOS 工艺。
1974 年	RCA 公司推出第一个 CMOS 微处理器 1802。
1979 年	Intel 推出 5MHz 8088 微处理器，IBM 基于 8088 推出全球第一台个人电脑（PC）。
1980 年	IBM 与微软合作（微软于 1975 年成立）。
1985 年	80386 微处理器问世，20MHz 处理器。
1989 年	486 微处理器推出（Win95 操作系统），25MHz 采用 1μm 工艺。在 X86 系列的阵营内涌现 AMD 和 Cyrix 两家公司，最终形成 Intel、AMD 和 Cyrix 三足鼎立的局面。
1993 年	66MHz 奔腾处理器推出，采用 0.6μm 工艺；为与 AMD 和 Cyrix 两家竞争，Intel 公司将 CPU 命名为 Pentium（奔腾）。
1995 年	Intel Pentium Pro，133MHz，采用 0.6～0.35μm 工艺。
1997 年	Intel 奔腾Ⅱ，300MHz 处理器问世，采用 0.25μm 工艺；PentiumⅡ 处理器以其出众的性能占领着高端市场，低端 CPU 市场则推出了赛扬（Celeron）处理器。
1999 年	Intel 奔腾Ⅲ问世，450MHz 处理器，先采用 0.25μm 工艺，后采用 0.18μm 工艺；AMD 推出 K7 速龙（Athlon），200MHz 处理器。

2000 年	Intel 先后出了奔腾 4、奔腾 D、奔腾 4 E。
2003 年	AMD 在美国纽约正式发布 AMD64（K8）处理器皓龙（Opteron），采用 65nm 工艺，宣告个人 64 位计算机时代的到来，同时采用闪龙（Sempron）处理器以应对低端市场。
2005 年	Intel 酷睿 2 系列上市，采用 65nm 工艺。
2006 年	7 月 2 日 AMD 先于 Intel 推出双核炫龙 64 位移动处理器。同月 27 日，Intel 发布酷睿 2 双核。
2007 年	基于全新 45nm，Intel 酷睿 2 上市。
2009 年	Intel 酷睿 i 系列全新推出，采用 32nm 工艺。
2010 年	AMD 全球首推 8/12 核心处理器皓龙 6100 系列；Intel 推出志强（Xeon）8 核处理器 E7 系列。
2017 年	AMD 推出锐龙处理器，14nm 工艺。
2019 年	AMD 发布了 7nm Zen2 架构的锐龙 3000 处理器。

介绍完 CPU 在计算机领域的竞争情况，转向竞争十分激烈的智能手机（平板）市场。

各大公司在全球手机市场的份额如下。

2014 年	三星（24.7%），苹果（15%），联想（7.2%），华为（5.8%），LG（4.4%）
2018 年	三星（20.8%），苹果（14.9%），华为（14.7%），小米（8.7%），OPPO（8.1%）
2019 年	三星（21.6%），华为（17.5%），苹果（13.9%），小米（9.2%），Vivo（8.0%）
2020 年	三星（20.6%），苹果（15.9%），华为（14.6%），小米（11.4%），Vivo（8.6%）

智能手机市场份额中，Android 和 iOS 在 2013 年第四季度和 2014 年的总智能机市场份额均达到 96.3%。

智能手机系统三巨头：谷歌（安卓）、苹果、微软（WP）。苹果自问世以来就一直走

"软硬结合"的封闭路线，选择"软硬结合"并且不给第三方硬件厂商授权的做法在很大限度上保证了产品设计思路的一致性。谷歌的安卓，与苹果相反，它出现时只是一个操作系统，企业控制操作系统，硬件开放给广大厂商，快速扩展市场份额。

微软，最初介入智能手机，但 Windows Mobile、WP7、WP8 均不理想，2013 年收购诺基亚开始自己做手机并搭载自行开发的系统。

智能手机系统可以进一步完善，但是硬件发展已进入瓶颈，受到了尺寸、重量和运行速度的限制，就只能在材质和电池上下功夫。材质的发展方向是便携的（如可折叠）、抗损性高；电池的发展方向则是续航时间足够长，同时充电时间短、发热量低。

3. 半导体材料的发展

第一代半导体材料	元素半导体：Si，E_g=1.12eV；Ge，E_g=0.67eV；
第二代半导体材料	化合物半导体：GaAs，E_g=1.46eV；InP，E_g=1.35eV；
第三代半导体材料	宽禁带半导体：GaN，E_g=3.3eV；还有 SiC、ZnO 等；
第四代半导体材料	有机物半导体？纳米半导体材料？

柔性有机发光半导体面板是未来半导体材料发展的一个热门方向，有机发光二极管又称为有机电激光显示（Organic Light-Emitting Diode，OLED）。相较于传统屏幕，柔性屏幕优势明显，不仅在体积上更加轻薄，在功耗上也低于原有元器件，有助于提升设备的续航能力，同时基于其可弯曲、柔韧性佳的特性，其耐用程度也大大高于以往屏幕，降低设备意外损伤的概率。该技术主要应用于手机、平板和计算机市场，进一步扩展到可穿戴设备、电视等家用电器和汽车显示屏等多种产品，柔性显示器市场有望实现快速增长。

1947 年，生于中国香港的美籍华裔教授邓青云在柯达研究实验室发现有机发光二极体，即 OLED，因其在有机发光二极体和异质结有机太阳能电池上的成就被选为美国工程院院士。2013 年 10 月 7 日，LG Display（LDG）宣布开始量产首款柔性 OLED 面板，用于智能手机。近些年，国内的柔性 OLED 市场也逐步形成，企业主要有京东方、维信诺、华星光电、天马、信利、和辉光电及柔宇等，中国将成为仅次于韩国的世界第二大 OLED 供应商。但同时我们也应注意到自己的短板，国内 OLED 行业的投资主要集中于下游面板的制造，在 OLED 面板的生产过程中，最为关键的是 OLED 材料和生产设备。处于产业链上游的 OLED 材料要占整个 OLED 面板成本的 20%～30%，主要涉及电极材料、有机发光材料、偏光片、封装胶等。欧美、日韩等厂商垄断了全球 OLED 产业的材料市场，潜心研发和关键技术的攻关仍是未来国家和企业的战略方向。

课后思考

光生伏特效应和光电导效应有何异同？

本章综合案例

请简单叙述中国半导体发展的基本情况：关键节点、关键人物、关键成果。

第 3 章　半导体中的电子状态

第 2 课时

知识点

知识点 6：什么是半导体物理？

知识点 7：半导体的晶格结构和结合性质。

知识点 8：原子的能级到晶体的能带。

预留问题

1. 结合键与电负性之间的关系是怎样的？

2. 各列出三种生活中常见的半导体、绝缘体、导体。

3. 给出某一物体的电导率，如何判断它属于半导体、绝缘体、导体？

课程思政点

1. 半导体是信息全球化时代的基石。

2. 透过现象看本质是自然辩证重要手段（准自由电子与共有化运动）。

3. 温故而知新，可以为师矣（原子物理、固体物理知识的运用）。

3.1　半导体的晶格结构和结合性质

1. 共价键结构（重要）——非极性半导体

单质半导体晶体结构的形成依靠共价键结合，属于金刚石结构（正四面体），由相邻两个原子共同提供电子，如硅（Si）、锗（Ge）。比较特殊的是碳元素，其形成的金刚石在严格意义上应属于绝缘体，而石墨则是良好的导体。

2. 准共价结构（重要）——极性半导体

类金刚石结构以化合物的第二代半导体为主。它们也是以共价键形式形成晶格的，但存在部分离子键成分，即相邻原子共同提供电子，但电子云具有一定方向性。

该类半导体以Ⅲ-Ⅴ族和Ⅱ-Ⅵ族化合物为代表，Ⅲ-Ⅴ族化合物半导体主要是闪锌矿结构，以Ⅲ族元素硼、铝、镓、铟、铊和Ⅴ族元素氮、磷、砷、锑、铋相结合而成。Ⅱ-Ⅵ族化合物半导体主要是纤锌矿结构，以Ⅱ族元素锌（Zn）、镉（Cd）、汞（Hg）和Ⅵ族元素氧、硫、硒（Se）、碲（Te）、钋（Po）相结合而成。若共价键占主导，则一般倾向生成立方对称的闪锌矿；若离子键占主导，则倾向生成六方对称的纤锌矿。

但以上两类半导体大部分以两种对称形式存在，如ZnS、ZnSe、SiC、BN等。

3. 离子键结构

典型离子晶体的相邻原子是通过得失电子形成稳定满壳层结构的，一般是绝缘体，如NaCl等。

4. 电负性

电负性与固体内部成键和导电性能有密切联系。电负性就是负载电子的能力，也就是得电子的能力。周期表中同一族元素自上而下电负性是减弱的，即得到电子的能力减弱（失去电子的能力增强），因此表现出金属性；自下而上电负性增强，体现出金属性。

对单质而言，以Ⅳ族为例，金刚石（近绝缘体）、Si（半导体）、Ge（半导体）、Sn（灰锡半金属，白锡金属）、铅（金属），周期表中越向下金属性越强，导电性则是从绝缘体到半导体再到金属越来越强。

对化合物材料而言，要看两种元素，即电负性很强和很弱的两种元素，形成典型离子结构的绝缘体，电负性相近的形成共价键结构的半导体，如Ⅲ-Ⅴ族化合物大多为半导体。

3.2　半导体中的电子状态和能带

半导体区别于导体和绝缘体的主要特征是导电性。导电，微观上是载流子（电子和空穴）在起主要作用。若要研究半导体的内部运动规律，则必须先了解电子的运动状态。因此本章首先研究半导体中的电子状态。

什么是状态？它到底由什么决定？状态简称态，它就是指一种运动形式。研究半导体中的电子状态就是要研究它的运动形式是什么样的，运动由什么决定。

对比我们熟悉的宏观物理学，对物体的运动形式进行描述需要用到多个物理参量。匀速直线运动的物体，速度 v 是常数，加速度是 0，位移是 $s=vt$；匀加速直线运动中 $v=v_0+at$，加速度 a 是常数，位移是 $s=v_0t+\frac{1}{2}at^2$。从能量的角度来描述，还包括动能和势能，从而更全面地描述了物体的状态。总之，描述宏观物体运动形式的物理量包含速度、加速度、位移和能量，从而确定宏观物体的状态。

对于微观的粒子——电子，这些物理量还是否适用？答案是肯定的。要确定半导体中电子的状态，就需要我们去研究这些物理量。但同时要注意，电子的微观运动还具有自身特点，要服从不同于一般力学的量子力学规律。

两个基本特点：① 电子做稳恒运动，具有确定能量，这种稳恒运动状态称为量子态，相应能量称为能级；② 在一定条件下，电子可以从一个量子态突变到另一量子态，称为量子跃迁。

在结合了电子微观运动的特点后，下一步研究半导体中电子对应的这些运动状态参量。

3.2.1　原子的能级到晶体的能带

1. 位置参量

相距无穷远的两个原子（两个原子的孤立系统，见图 3-1），每个能级由两个原子中的对应电子状态相对应，称为（能量或能级）二度简并，此处不计入自身简并。

图 3-1　相距无穷远的两个原子

两个原子靠近：电子壳层由外向内将会逐步发生重叠，壳层重叠也就是电子波函数的重叠。波函数是描述微观粒子出现在某处概率大小的几率波，因此波函数重叠就意味着原本仅在一个原子周围出现的电子，可能出现在另一个原子周围，我们也难以分辨出在 A 原子周围出现的电子是 A 电子还是 B 电子，如图 3-2 所示。

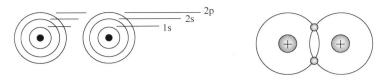

图 3-2　两个原子中电子的共有化运动

说明：

（1）外壳层重叠多，因此外壳层电子出现在别处的概率大，所以更为活泼。

（2）重叠仅在相似壳层间发生，因此电子仅在相似壳层间转移（这与波函数的特点有关）。

至此，我们对第一个描述电子状态的物理量——位置有了直观、定性的认识。

2. 能量参量

两个原子靠近后，电子除受自身原子势场外，还受到另一个原子的附加势场影响。二度简并能级发生分裂，1 个分成 2 个；靠得越近，附加势场越强，分裂就越严重。分裂后需要计入自身简并情况。自身简并需要考虑电子态的 5 个量子数：n、l、s、m_l 和 m_s，它们分别是主量子数、轨道角动量量子数（角量子数）、自旋角动量量子数（自旋量子数）、轨道方向量子数（磁量子数）、自旋方向量子数（自旋磁量子数）。

$n=1$　　　$l=0$（1s）

$n=2$　　　$l=0$　$m_l=0$（2s）

　　　　　　$l=1$　$m_l=-1, 0, 1$　　（2p）能级三度简并（未计入自旋）

计入自旋简并后：

1s　自身不简并　　　分裂为 2 个新能级

2s　自身不简并　　　分裂为 2 个新能级

2p　自身三度简并　　分裂为 6 个新能级

下面我们来看一下原子的 1s（2s 同）和 2p 能级的简并情况。

2 个原子→4 个原子→6 个原子→20 个原子→N 个原子

2, 6　　　　4, 12　　　6, 18　　　20, 60　　　$N, 3N$

N 个原子靠近后，原来的 1 个能级分裂成 N 个新能级（不计自身简并），对于晶体而言，一般 $N=10^{22}\sim10^{23}/cm^3$，如 $N_{Si}=5\times10^{22}/cm^3$。$N$ 的数目巨大，能级难以区分，像带子一样，称为能带（准确地说是允带），能带之间电子不允许出现的能量区域，称为禁带。

再返回去看位置参量，N 个原子中同一相似壳层间众多电子波函数重叠，1 个原子具有在其他原子周围出现的概率，甚至可以在整个晶体内运动，称为共有化运动。尤其是最外层的价电子自由度很高，因此称为准自由电子。

课后思考

电子轨道重叠为什么在相似壳层间发生？

第 3 课时

知识点

知识点 9：晶体能带的量子表述。

知识点 10：布里渊区。

预留问题

问题 1：随着能量 E 的增大，能带为什么会加宽？

问题 2：一维空间中，一个能带含有多少个能级？请推导。

问题 3：如何做出有心立方的二维布里渊区图？无心长方呢？

课程思政点

对比分析是认识世界的重要方法。

3.2.2　晶体能带的量子表述

1. 自由电子（位置和能量）

自由电子波函数

$$\psi(x) = A\mathrm{e}^{-\mathrm{i}2\pi k \cdot x} \tag{3-1}$$

遵守薛定谔方程

$$-\frac{\hbar^2}{2m_0}\frac{\mathrm{d}^2\psi(x)}{\mathrm{d}x^2} = E\psi(x) \tag{3-2}$$

求解得到

$$E = \frac{\hbar^2 k^2}{2m_0} \quad \text{和} \quad \upsilon = \frac{\hbar k}{m_0} \tag{3-3}$$

对于自由电子而言，k、E 均是连续变化的，如图 3-3 所示。

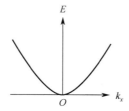

图 3-3　一维情况下自由电子的能量 E 与 k_x 的关系

$$\begin{cases} E \text{和} \upsilon \text{都可以用} k \text{表示，} k \text{可以描述自由电子状态} \\ E_k = \dfrac{1}{2}m\dot{x}^2,\quad E_p = mg\dot{x},\quad \upsilon = \dot{x},\quad a = \ddot{x} \end{cases}$$

一维　　x　　三维　　　r　　坐标空间

一维　　k_x　　三维　　　k　　状态空间（态矢空间）

对比可以看出，在宏观坐标空间中可以用 r 来描述物体运动，而在态矢空间的微观，则采用 k 来描述。下面对比自由电子、原子中电子和晶体中电子的势场情况如表 3-1 所示。

表 3-1　自由电子、原子中电子和晶体中电子的势场情况

	自由电子	原子中电子	晶体中电子
环境势场	无	原子实	周期性排列原子 周期性原子核势场+电子平均势场

势场模型：自由电子（单电子）+周期性原子势场+平均电子势场。

总势场仍是周期性的。

2. 晶体中电子的波函数（位置）

求解波函数的步骤如下。

（1）通过建立势场模型得到势能表达式。

（2）将势能表达式代入方程，利用高数知识求解，满足标准化条件：单值、有限、连续。

（3）求解出 E、$\psi(r)$。

晶体中的势场模型较为复杂，给求解过程增加了难度，先通过一些势场特征来简单了解电子在晶体中的运动情况。

单电子近似[1]：晶体中某个电子在与晶体同周期的周期性势场中运动

一维：

$$V(x) = V(x + sa) = V(x + R) \tag{3-4}$$

式中，$V(x)$ 为 x 点处的势场；s 为整数；a 为晶格常数；R 为晶格平移矢量在 x 轴上的投影。

根据布洛赫定理：

$$\psi(\boldsymbol{r} + \boldsymbol{R}) = e^{i2\pi \boldsymbol{k} \cdot \boldsymbol{R}} \psi(\boldsymbol{r}) \tag{3-5}$$

含义：平移任意一个晶格平移矢量后，波函数前后仅相差一个相位因子（对概率无影响）。

证明：

构造新函数

$$U(\boldsymbol{r}) = e^{-i2\pi \boldsymbol{k} \cdot \boldsymbol{r}} \psi(\boldsymbol{r}) \tag{3-6}$$

由布洛赫定理将 $\psi(\boldsymbol{r})$ 代入得

$$
\begin{aligned}
U(\boldsymbol{r}) &= e^{-i2\pi \boldsymbol{k} \cdot \boldsymbol{r}} e^{-i2\pi \boldsymbol{k} \cdot \boldsymbol{R}} \psi(\boldsymbol{r} + \boldsymbol{R}) \\
&= e^{-i2\pi \boldsymbol{k} \cdot (\boldsymbol{r} + \boldsymbol{R})} \psi(\boldsymbol{r} + \boldsymbol{R}) \\
&= U(\boldsymbol{r} + \boldsymbol{R})
\end{aligned}
$$

构造的新函数是与晶格周期一致的一个函数。

一维新函数可变换为

$$\psi(x) = e^{i2\pi k \cdot x} U(x)$$

布洛赫波函数对比为

$$\psi(x) = A e^{-i2\pi k \cdot x}$$

其中，对于自由电子系数，$A \to U(x)$。

概率为

$$|A|^2 \to |U(x)|^2$$

式中，$|A|^2$ 表示自由电子在各处出现的概率相同；而因为 $U(x)$ 是周期函数，导致 $|U(x)|^2$ 也具有周期性。尽管无法得到波函数的具体表达式，也无法知道概率大小，但通过单电子

近似和布洛赫定理可以得知电子在晶体周期场中以周期性规律出现。

3. 晶体中电子的能级（能量）

（1）一维布里渊区。

利用标准化条件可以得到一般 $\psi(x)$ 方程。图 3-4 给出扩展型布里渊区。当 $k = \pm \dfrac{n}{2a}$（$n=0,1,2,\cdots$）时，能带发生分裂，能量出现不连续的情况，分成一个个能量区，对应着第一、第二、第三等布里渊区，形成允带，布里渊区的边界处不连续，形成禁带[1]。允带也就是能带结构中允许电子能量存在的能量范围，禁带则不允许电子出现。从图 3-4 中可以看出，随着能量的增大，允带和禁带交替出现，而且允带越来越宽，禁带则相反。

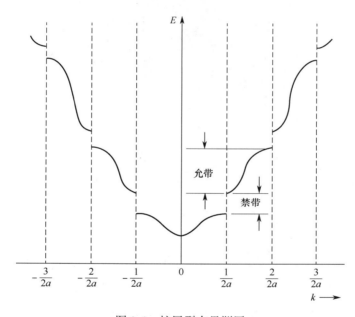

图 3-4　扩展型布里渊区

第一布里渊区　　　　$-\dfrac{1}{2a} < k < \dfrac{1}{2a}$

第二布里渊区　　　　$-\dfrac{1}{a} < k < -\dfrac{1}{2a}, \quad \dfrac{1}{2a} < k < \dfrac{1}{a}$

第三布里渊区　　　　$-\dfrac{3}{2a} < k < -\dfrac{1}{a}, \quad \dfrac{1}{a} < k < \dfrac{3}{2a}$

（2）二维布里渊区。

首先作出晶体的倒格子，任选一个倒格点为原点，由原点到最近及次近的倒格点引倒格矢，然后作倒格矢的垂直平分线，形成布里渊区的边界，边界面上的能量是不连续的。下面举例给出简单正方晶格的二维布里渊区，如图 3-5 所示。

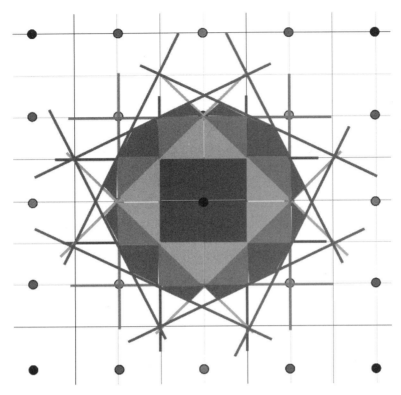

图 3-5　简单正方晶格的二维布里渊区

课后思考

1. 宏观或经典物理学描述物体运动的基本参量有哪些？它们都可以用哪个参数表示？对于微观世界的描述是在什么空间中？运动参量有哪些？用哪个参数可以表示？

2. 在布里渊区中，k 为什么是均匀分立的值？

3. 若 a、b、c 与 x、y、z 不在同一轴上，如何保证三维计算？

4. 在绘制布里渊区时，其中的一个点代表的是什么？有什么具体意义？

第 4 课时

知识点

知识点 11：导体、半导体、绝缘体。

知识点 12：能量、速度、加速度。

知识点 13：有效质量。

预留问题

1. 从能带填充的角度来区分半导体、绝缘体和导体。

2. 外层电子的有效质量是大还是小？为什么？

3. 半导体中的电子有效质量与电子质量有什么关系？

4. 描述电子的速度、加速度等物理量是在正空间还是倒空间？

课程思政点

1. 对比分析与本质透析相结合。

2. 任务拆解是认识世界的另一种高效手段。

3. 假想模型法是认识世界的重要方法。

3.2.3　导体、半导体、绝缘体能带

导体、半导体、绝缘体三者能带的情况是一样的，只是电子填充到能带的情况不同。

1. 一般情况

电子以最低能量状态存在于低能级，并且由低到高依次填充；若施加外场，则外场传递能量，电子发生跃迁。

（1）能级越高（越向外），壳层重叠越严重，共有化越明显，电子能量越高，越能摆脱原子核的束缚。在电场力的作用下定向运动（位置角度）并产生电流（从能量角度考

虑，导电就是跃迁）。

（2）满带无法形成电流，空带也无法形成电流。

图 3-6 给出绝缘体、半导体和导体在理想情况（0K）时的能带结构图，可以看出绝缘体与半导体的能带结构类似，即上面的能带是空的，下面的能带是满的，而导体最上面的能带则是处于半满状态。对半导体和绝缘体而言，最上面的能带称为导带，是固体结构中自由电子存在的能量范围，而下面的次外层能带称为价带，是固体结构中价电子存在的能量范围。

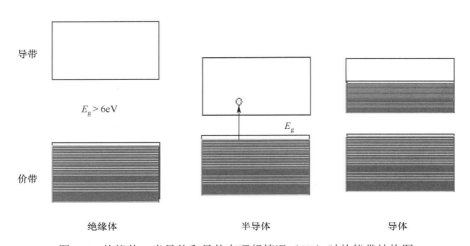

图 3-6　绝缘体、半导体和导体在理想情况（0K）时的能带结构图

2. 受热、光照

导体导电的原因是电子在能级间发生跃迁，所需能量很小，常温甚至低温都可实现。半导体则是导带中的电子和价带中的空穴均参与导电，这是半导体与导体最大的区别。半导体与绝缘体的区别在于禁带宽度不同，相对而言绝缘体的禁带宽度较宽，电子不易从价带进入导带。金刚石的禁带宽度较宽，属于绝缘体，而硅、锗的禁带宽度相对较窄，属于半导体，室温下硅的禁带宽度为 1.12eV，室温下锗的禁带宽度为 0.66eV。

禁带宽度是研究半导体性质的重要指标，两个相邻的允带之间是禁带，禁带的宽度边界需要从带边算起。导带的下边界称为导带底 E_c，即固体结构中处于导带底部的部分能级。价带的上边界则称为价带顶 E_v，即固体结构中处于价带顶部的部分能级。禁带宽度 E_g 就是导带底与价带顶之间的能量差。

随着温度升高或其他外界因素影响，价带电子（跨越禁带）激发成为导带电子的过程称为本征激发。注意，此处不要误认为正好是跨越禁带宽度的才是本征激发，禁带宽度是需要跨越的最小能量。

3. 实际半导体填充

$n=1$	$l=0$	1s	不简并	可容纳 $2N$ 个电子
$n=2$	$l=0$	2s	不简并	可容纳 $2N$ 个电子
	$l=1$	2p	三重	可容纳 $6N$ 个电子
$n=3$	$l=0$	3s	不简并	可容纳 $2N$ 个电子
	$l=1$	3p	三重	可容纳 $6N$ 个电子
	$l=2$	3d	五重	可容纳 $10N$ 个电子

金刚石　2　4　$\begin{cases} 2\text{p} & 6N \\ 2\text{s} & 2N \\ 1\text{s} & 2N \end{cases}$　　2p 的 $6N$ 中占据 $2N$

硅　　　2　8　4　$\begin{cases} 3\text{p} & 6N \\ 3\text{s} & 2N \\ n=2 & 8N \\ n=1 & 2N \end{cases}$　　3p 的 $6N$ 中占据 $2N$

锗与上面类似，价电子壳层占据 $2N$，理论上看均为半满带，硅和锗都应该属于导体。实际上硅、锗半导体会出现轨道间的杂化情况，轨道杂化的结果是将一重和三重杂化重新分配成为二重和二重，可分别容纳 $4N$ 个电子，这样就出现下面是满带而上面是空带的情况。

3.3　半导体中电子的运动

之前的章节对能量、位置等参量仅做出初步定性描述，而并无具体表达式，本节将进行相关推导。

1. $E(k)$ 与 k 关系

首先，上节讲到半导体的导带底和价带顶的概念。这两个位置很特殊，价带顶是满带电子最高能级附近，而导带底是空带最低能级。下面研究某点附近区域。

泰勒级数展开为

$$f(x)=f(x_0)+f'(x_0)(x-x_0)+\frac{1}{2!}f''(x_0)(x-x_0)^2+\cdots \tag{3-7}$$

导带底为

$$E(k) = E(k_0) + E'(k_0)(k - k_0) + \frac{1}{2!}E''(k_0)(k - k_0)^2 + \cdots \qquad (3\text{-}8)$$

假设 $k_0 = 0$，则有

$$E(k) = E(0) + \left(\frac{\mathrm{d}E}{\mathrm{d}k}\right)_{k=0} k + \frac{1}{2}\left(\frac{\mathrm{d}^2E}{\mathrm{d}k^2}\right)_{k=0} k^2 + \cdots \qquad (3\text{-}9)$$

注意：

（1）$E(0) \neq 0$。

（2）为避免与价带顶研究中的 $E(0)$ 混淆，改为 E_c 和 E_v。因为导带底能量很小，所以 ΔE 也很小，故 $\left(\dfrac{\mathrm{d}E}{\mathrm{d}k}\right)_{k=0} = 0$（斜率），能量仅取前三项，即

$$E(k) = E_c + \frac{1}{2}\left(\frac{\mathrm{d}^2E}{\mathrm{d}k^2}\right)_{k=0} k^2 \qquad {}^{[2]}$$

若确定半导体，则 $\left(\dfrac{\mathrm{d}^2E}{\mathrm{d}k^2}\right)_{k=0}$ 是一定的，令 $\dfrac{1}{h^2}\left(\dfrac{\mathrm{d}^2E}{\mathrm{d}k^2}\right)_{k=0} = \dfrac{1}{m_n^*}$，得到

$$E(k) - E_c = \frac{h^2 k^2}{2m_n^*} \qquad (3\text{-}10)$$

对比自由电子，则有 m_0 表示电子的惯性质量；m_n^* 表示能带底电子的有效质量。导带中 $E(k) > E_c$，所以 $m_n^* > 0$。

同样可得价带顶为

$$E(k) - E_v = \frac{h^2 k^2}{2m_n^*} \qquad (3\text{-}11)$$

因为 $E(k) < E_v$，所以此处的 $m_n^* < 0$。

因此，若 m_n^* 已知，则 $E(k)$ 可知，即能带顶和能带底的能带结构可知。

2. 半导体电子速度

自由电子 $\begin{cases} v = \dfrac{hk}{m_0} \\ E = \dfrac{h^2 k^2}{2m_0} \end{cases} \rightarrow \dfrac{\mathrm{d}E}{\mathrm{d}k} = hv$

$$v = \frac{1}{h}\left(\frac{dE}{dk}\right) \tag{3-12}$$

半导体中的电子速度由表达式推导，根据电子的波粒二象性，将电子视为一个波包（频率相差不多的波组成），则电子速度可以表示为

$$v = v \cdot \lambda = v / k$$

对于波包中心，则有

$$v = \frac{dv}{dk}$$

由波粒二象性，则有

$$E = hv \qquad v = \frac{1}{h}\left(\frac{dE}{dk}\right)$$

代入 $E(k) = E_c + \dfrac{h^2 k^2}{2m_n^*}$ 得

$$v = \frac{hk}{m_n^*} \tag{3-13}$$

注：v 的正负由 m_n^* 和 k 共同决定；在推导式（3-13）的过程中，引入了限定条件下的 $E(k)$，因此，该速度公式仅限于在能带边界处使用。

3. 半导体电子加速度

假设有一个外加电场，受电场力

$$F \cdot ds = dw = dE \qquad ds = vdt$$

所以 $dE = F \cdot vdt = F\dfrac{1}{h}\left(\dfrac{dE}{dk}\right)dt$

变换 $\left(\dfrac{dE}{dk}\right)dk = F\dfrac{1}{h}\left(\dfrac{dE}{dk}\right)dt$

两边同消去得

$$dk = F\frac{dt}{h} \tag{3-14}$$

（1）准动量。

$$F = h\frac{dk}{dt} \rightarrow Fdt = hdk = dp \quad \left(v = \frac{hk}{m_n^*} \rightarrow hk = m_n^* v\right)$$

根据准动量定理，电子能级间跃迁要符合准动量守恒。

（2）加速度。

$$a = \frac{\mathrm{d}v}{\mathrm{d}t} = \frac{\mathrm{d}v}{\mathrm{d}k}\frac{\mathrm{d}k}{\mathrm{d}t} = \frac{1}{h}\left(\frac{\mathrm{d}^2E}{\mathrm{d}k^2}\right) \cdot \frac{\mathrm{d}k}{\mathrm{d}t} = \frac{F}{h^2}\frac{\mathrm{d}^2E}{\mathrm{d}k^2} \tag{3-15}$$

（3）准牛顿第二运动定律。

$$a = \frac{F}{h^2}\frac{\mathrm{d}^2E}{\mathrm{d}k^2}$$

令 $\dfrac{h^2}{\dfrac{\mathrm{d}^2E}{\mathrm{d}k^2}} = m_\mathrm{n}^*$，可得

$$a = \frac{F}{m_\mathrm{n}^*} \tag{3-16}$$

注意，因为 $a = \dfrac{\mathrm{d}v}{\mathrm{d}t}$，所以将 $v = \dfrac{hk}{m_\mathrm{n}^*}$ 代入可得 $a = \dfrac{h}{m_\mathrm{n}^*}\left(\dfrac{\mathrm{d}k}{\mathrm{d}t}\right) = \dfrac{F}{m_\mathrm{n}^*}$，该结果与式（3-16）有所差别，在于推导过程中引入了限定条件下的速度 v。

4. 有效质量 m_n^*

$$\frac{1}{h^2}\frac{\mathrm{d}^2E}{\mathrm{d}k^2} = \frac{1}{m_\mathrm{n}^*} \tag{3-17}$$

$$\frac{1}{h^2}\left(\frac{\mathrm{d}^2E}{\mathrm{d}k^2}\right)_{k=0} = \frac{1}{m_\mathrm{n}^*} \tag{3-18}$$

式（3-17）未使用边界条件，可作为一般式；式（3-18）仅限在能带边界处使用，作为特殊式。

有效质量的意义如下。

（1）$a = \dfrac{F}{m_\mathrm{n}^*}$，其中 F 不是电子受力总和，仅是外场力。因此，有效质量的引入将较大的内部势场作用概括到 m_n^* 中，研究半导体中电子受力可不考虑内部势场作用。

（2）可直接由实验测定，易于解决电子运动规律。

5. 图形表示

图 3-7 给出自由电子和半导体中电子的能量、速度和质量/有效质量与波矢 k 的数值之

间的关系对比，我们可以看出，半导体中电子的能量和速度都在能带边界处发生了改变，有效质量与惯性质量相比也有很大不同，但在能带底的附近有效质量恒定不变且为正值。

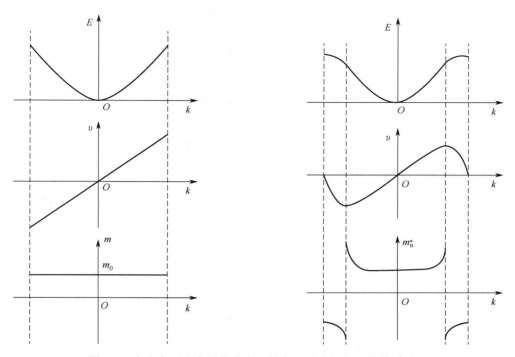

图 3-7　自由电子和半导体中电子的各运动参量与 k 的关系对比

由图 3-8 可知，外层的能带较宽，其二次微商较大，曲率较大，因此得到的有效质量较小，外层的电子比较活泼，或者说更自由。

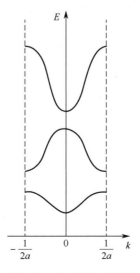

图 3-8　简约布里渊区图内外侧能带情况

3.4 电子的另一表现形式——空穴

价带顶仅有一个空位 A，其余位置均充满电子，如图 3-9 所示。

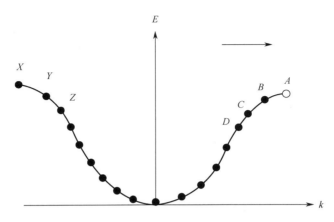

图 3-9 空穴在 k 空间中的运动情况

加外场 E，受力 $F = -qE$。

$$F = h\frac{\mathrm{d}k}{\mathrm{d}t} \quad \rightarrow \quad \frac{\mathrm{d}k}{\mathrm{d}t} = -qE / h \qquad （3\text{-}19）$$

在场强的作用下，电子以相同速率向与场强相反的方向匀速运动（注意这是能量图）。空位 A 将受力的作用移到 B，因此可见空位 A 的存在产生了电流。

计算电流的大小：设电流密度为 J，即价带电子的总电流。设有一个电子填充到空的 k 状态，电子电流为 $(-q) \cdot v(k)$，之后满带总电流为 0，所以，$J + (-q) \cdot v(k) = 0$，可得

$$J = q \cdot v(k) \qquad （3\text{-}20）$$

含义：当有空的 k 状态时，价带电子总电流等同于一个正电粒子以 k 状态电子速度 $v(k)$ 运动产生的电流。因此，价带中的空状态可以看成正电粒子，称为空穴[2]。

随着空穴从 $A{\rightarrow}B{\rightarrow}C$，$E(k)$ 曲线的斜率不断增大，$v = \frac{1}{h} \cdot \frac{\mathrm{d}E}{\mathrm{d}k}$，空穴速率不断增大。

$$a = \frac{\mathrm{d}v}{\mathrm{d}t} = -qE / m_{\mathrm{n}}^{*} \qquad （3\text{-}21）$$

注意：此处的 m_{n}^{*} 为负值（价带顶），为防止出错，令 $m_{\mathrm{n}}^{*} = -m_{\mathrm{p}}^{*}$（$m_{\mathrm{p}}^{*} > 0$），所以

$$a = qE / m_{\mathrm{p}}^{*} \qquad （3\text{-}22）$$

空穴定义为具有正电荷和正的有效质量，在 k 态空穴速度即为电子速度的假想粒子。

第 5 课时

知识点

知识点 14：回旋共振测有效质量。

知识点 15：硅导带结构——磁场[111]。

知识点 16：硅导带结构（续）。

预留问题

1. 如果 n 型半导体导带的极值在[110]轴及对称方向上，回旋共振实验中磁场方向沿[111]方向将得到什么结论？

2. n 型 Ge 半导体导带极值在[111]轴及对称方向上，回旋共振实验中磁场方向沿[111]方向将得到什么结论？

3. 为什么 E_g 随着温度增加而减小？

4. 随着温度的升高，本征激发的载流子会有什么变化，为什么？

课程思政点

1. 实践是检验真理的唯一标准。

2. 主观、客观相统一是辩证唯物主义的基本要求。

3.5 回旋共振

1. 理论模型（k 空间等能面）

理想情况　　　　一维　　　　　$$E(k) - E_c = \frac{h^2 k^2}{2m_n^*} \tag{3-23}$$

二维　　　$k^2 = k_x^2 + k_y^2$　　　$$E(k) - E_c = \frac{h^2(k_x^2 + k_y^2)}{2m_n^*} \tag{3-24}$$

$$k_x^2 + k_y^2 = \frac{2m_n^*(E(k) - E_c)}{h^2} \tag{3-25}$$

式（3-25）给出的是同心圆系列。

三维

$$k^2 = k_x^2 + k_y^2 + k_z^2$$

$$k_x^2 + k_y^2 + k_z^2 = \frac{2m_n^*(E(k) - E_c)}{h^2} \tag{3-26}$$

式（3-26）中，若 $E(k)$ 为定值，则许多组 (k_x, k_y, k_z) 形成同一个球面；若 $E(k)$ 变化，则为一系列同心球壳，圆心为 E_c。

球半径为

$$R = \sqrt{k_x^2 + k_y^2 + k_z^2} = \sqrt{\frac{2m_n^*(E(k) - E_c)}{h}} \tag{3-27}$$

同心球壳在 k_y、k_z 平面上的投影如图 3-10 所示。

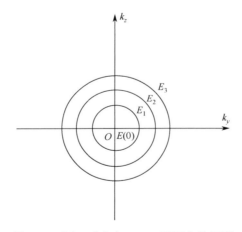

图 3-10　同心球壳在 k_y、k_z 平面上的投影

对于非理想晶体，有以下特性。

（1）各向异性。

（2）能带极值不一定位于 $k = 0$ 处。

$$E(k) = E(k_0) + \frac{h^2}{2}\left[\frac{(k_x - k_{0x})^2}{m_x^*} + \frac{(k_y - k_{0y})^2}{m_y^*} + \frac{(k_z - k_{0z})^2}{m_z^*}\right] \tag{3-28}$$

$$
\begin{cases}
m_x^* = h^2 \Big/ \left(\dfrac{\partial^2 E}{\partial k_x^2} \right)_{k=k_0} \\[2ex]
m_y^* = h^2 \Big/ \left(\dfrac{\partial^2 E}{\partial k_y^2} \right)_{k=k_0} \\[2ex]
m_z^* = h^2 \Big/ \left(\dfrac{\partial^2 E}{\partial k_z^2} \right)_{k=k_0}
\end{cases}
\tag{3-29}
$$

$$
\frac{(k_x - k_{0x})^2}{\dfrac{2m_x^*(E - E_c)}{h^2}} + \frac{(k_y - k_{0y})^2}{\dfrac{2m_y^*(E - E_c)}{h^2}} + \frac{(k_z - k_{0z})^2}{\dfrac{2m_z^*(E - E_c)}{h^2}} = 1
\tag{3-30}
$$

含义：一个在中心点 (k_{0x}, k_{0y}, k_{0z}) 的同心椭球壳系列。

对于理想晶体，求 m_n^*；对于非理想晶体，则求 m_x^*, m_y^*, m_z^*。

2. 回旋共振

（1）回旋。

半导体中电子在磁场中受力偏转 $\boldsymbol{f} = -q\upsilon \boldsymbol{B}$，该力分解为平行于磁场和垂直于磁场的方向，如图 3-11 所示。

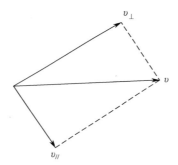

图 3-11　平行和垂直于磁场方向的速度分解

$$
f_\perp = q\upsilon_\perp \boldsymbol{B} \qquad f_\parallel = 0
$$

$$
\begin{cases}
a = \upsilon_\perp^2 / r \\
a = f / m_n^*
\end{cases}
\Rightarrow \upsilon_\perp^2 / r = \frac{f}{m_n^*}
\tag{3-31}
$$

$$
\upsilon_\perp \omega_c = q\upsilon_\perp \boldsymbol{B} / m_n^*
\tag{3-32}
$$

回旋频率为

$$
\omega_c = q\boldsymbol{B} / m_n^*
\tag{3-33}
$$

根据回旋频率，可求得有效质量

$$m_n^* = q\boldsymbol{B}/\omega_c \tag{3-34}$$

（2）共振（加电磁波）。

改变电磁波频率 ω，并固定 $\boldsymbol{B}$，当 $\omega = \omega_c$ 时，发生共振，从而确认 ω，并根据它求出 m_n^*。

（3）非理想晶体。

$$\boldsymbol{f} = -q\boldsymbol{\upsilon} \times \boldsymbol{B} == (-q)\begin{vmatrix} \boldsymbol{i} & \boldsymbol{j} & \boldsymbol{k} \\ \upsilon_x & \upsilon_y & \upsilon_z \\ B_x & B_y & B_z \end{vmatrix} \tag{3-35}$$

$$= (-q)[(\upsilon_y B_z - \upsilon_z B_y)\boldsymbol{i} + (\upsilon_z B_x - \upsilon_x B_z)\boldsymbol{j} + (\upsilon_x B_y - \upsilon_y B_x)\boldsymbol{k}]$$

$$\boldsymbol{f} = f_x \boldsymbol{i} + f_y \boldsymbol{j} + f_z \boldsymbol{k} \tag{3-36}$$

$$\begin{cases} f_x = (-q)(\upsilon_y B_z - \upsilon_z B_y) \\ f_y = (-q)(\upsilon_z B_x - \upsilon_x B_z) \\ f_z = (-q)(\upsilon_x B_y - \upsilon_y B_x) \end{cases} \tag{3-37}$$

$$\boldsymbol{f} = m_n^* \boldsymbol{a} = m_n^* \frac{d\boldsymbol{\upsilon}}{dt} \Rightarrow \begin{cases} f_x = m_x^* \dfrac{d\upsilon_x}{dt} \\ f_y = m_y^* \dfrac{d\upsilon_y}{dt} \\ f_z = m_z^* \dfrac{d\upsilon_z}{dt} \end{cases} \tag{3-38}$$

$$\begin{cases} m_x^* \dfrac{d\upsilon_x}{dt} + q(\upsilon_y B_z - \upsilon_z B_y) = 0 \\ m_y^* \dfrac{d\upsilon_y}{dt} + q(\upsilon_z B_x - \upsilon_x B_z) = 0 \\ m_z^* \dfrac{d\upsilon_z}{dt} + q(\upsilon_x B_y - \upsilon_y B_x) = 0 \end{cases} \tag{3-39}$$

利用电子做周期运动[3]（将 υ_x 由 $\dfrac{d\upsilon_x}{dt}$ 变为 υ_x υ_y υ_z 的统一形式），即

$$\begin{cases} \upsilon_x = \upsilon_x' e^{i\omega_c t} \\ \upsilon_y = \upsilon_y' e^{i\omega_c t} \\ \upsilon_z = \upsilon_z' e^{i\omega_c t} \end{cases} \tag{3-40}$$

代入得

$$\begin{cases} i\omega_c v'_x + \dfrac{q}{m^*_x}B_z v'_y - \dfrac{q}{m^*_x}B_y v'_z = 0 \\[2mm] i\omega_c v'_y + \dfrac{q}{m^*_y}B_x v'_z - \dfrac{q}{m^*_y}B_z v'_x = 0 \\[2mm] i\omega_c v'_z + \dfrac{q}{m^*_z}B_y v'_x - \dfrac{q}{m^*_z}B_x v'_y = 0 \end{cases} \tag{3-41}$$

整理得

$$\begin{cases} i\omega_c v'_x + \dfrac{q}{m^*_x}B_z v'_y - \dfrac{q}{m^*_x}B_y v'_z = 0 \\[2mm] -\dfrac{q}{m^*_y}B_z v'_x + i\omega_c v'_y + \dfrac{q}{m^*_y}B_x v'_z = 0 \\[2mm] \dfrac{q}{m^*_z}B_y v'_x - \dfrac{q}{m^*_z}B_x v'_y + i\omega_c v'_z = 0 \end{cases} \tag{3-42}$$

$$\begin{vmatrix} i\omega_c & \dfrac{q}{m^*_x}B_z & -\dfrac{q}{m^*_x}B_y \\[3mm] \dfrac{q}{m^*_y}B_z & i\omega_c & \dfrac{q}{m^*_y}B_x \\[3mm] \dfrac{q}{m^*_z}B_y & -\dfrac{q}{m^*_z}B_x & i\omega_c \end{vmatrix} \begin{vmatrix} v'_x \\[3mm] v'_y \\[3mm] v'_z \end{vmatrix} = 0 \tag{3-43}$$

解得

$$\omega_c = q\sqrt{\dfrac{m^*_x B^2_x + m^*_y B^2_y + m^*_z B^2_z}{m^*_x m^*_y m^*_z}} \tag{3-44}$$

$\boldsymbol{B}$ 的方向角设为 α、β、γ，则可变为

$$m^*_n = \sqrt{\dfrac{m^*_x m^*_y m^*_z}{m^*_x \cos^2\alpha + m^*_y \cos^2\beta + m^*_z \cos^2\gamma}} \tag{3-45}$$

3.6　硅和锗的能带结构

1. 导带结构

若为理想情况，则仅有一个吸收峰（ω），与 θ 无关。

实验表明（硅）：$\textbf{\textit{B}}$ [111]   1 个峰

[110] [100]   2 个峰

[任意方向]   3 个峰

研究者设计了多种模型解释，其中一种模型符合实际情况并被认可。

模型：导带等能面是在[100]方向上旋转的椭球面，长轴在[100]方向上，导带最小值不在 k 空间的原点上，而在[100]方向上（注意 k 空间坐标系是可以挪动的，之所以不在原点上，是因为在 6 个方向上导带底的对称分布造成的），立方对称，因此有 6 个椭球面，如图 3-12 所示。

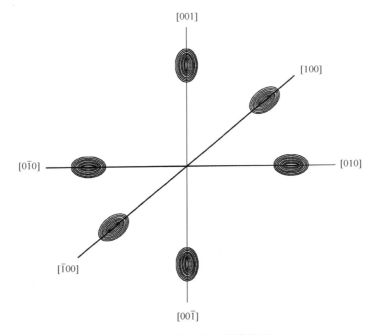

图 3-12 硅半导体导带等能面

令 E_c=0，取 1 个椭球方向[001]，如图 3-13 所示。

$$m_x^* = m_y^* = m_\text{t} \qquad m_z^* = m_\text{l} \qquad (3\text{-}46)$$

式中，m_t 为横向有效质量；m_l 为纵向有效质量。

$$E(\boldsymbol{k}) = E_\text{c} + \frac{h^2}{2}\left(\frac{k_x^2 + k_y^2}{m_\text{t}} + \frac{k_z^2}{m_\text{l}}\right) \qquad (3\text{-}47)$$

$$\Rightarrow \left(\frac{k_x^2 + k_y^2}{\dfrac{2m_\text{t}(E-E_\text{c})}{h^2}} + \frac{k_z^2}{\dfrac{2m_\text{l}(E-E_\text{c})}{h^2}}\right) = 1 \qquad (3\text{-}48)$$

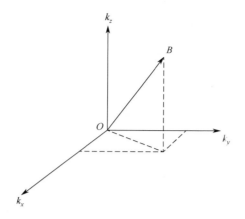

图 3-13　磁场 **B** 在 k 空间的取向

通过坐标系变换，令 **B** 处于 k_x、k_z 平面，如图 3-14 所示。

则 $\cos\alpha = \sin\theta$ ，　$\cos\beta = 0$ ，　$\cos\gamma = \cos\theta$ 。

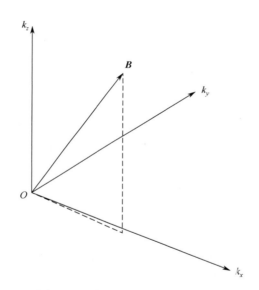

图 3-14　磁场 **B** 在 k 空间取向变换

式（3-45）变化为

$$m_n^* = m_t \sqrt{\frac{m_l}{m_t \sin^2\theta + m_l \cos^2\theta}} \qquad （3\text{-}49）$$

或者用式（3-45），则有

$$m_{\mathrm{n}}^* = \sqrt{\frac{m_{\mathrm{t}} m_{\mathrm{t}} m_{\mathrm{l}}}{m_{\mathrm{t}}(\cos^2\alpha + \cos^2\beta) + m_{\mathrm{l}}\cos^2\gamma}}$$

（3-50）

（1）磁场 **B** 沿[111]方向。

对于[001]方向，磁场 **B** 方向如图 3-15 所示。

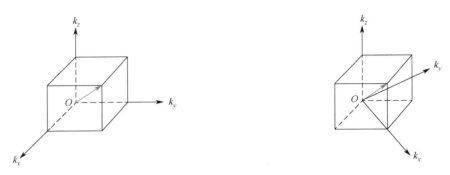

图 3-15　变换前（左图）和变换后（右图）的坐标系

对于[001]方向，则有

$$\cos\alpha = \frac{1}{\sqrt{3}}, \quad \cos\beta = \frac{1}{\sqrt{3}}, \quad \cos\gamma = \frac{1}{\sqrt{3}} \qquad\qquad \cos\theta = \frac{1}{\sqrt{3}}, \quad \sin\theta = \sqrt{\frac{2}{3}}$$

$$m_{\mathrm{n}}^* = \sqrt{\frac{m_{\mathrm{t}} m_{\mathrm{t}} m_{\mathrm{l}}}{m_{\mathrm{t}}(\cos^2\alpha + \cos^2\beta) + m_{\mathrm{l}}\cos^2\gamma}} = m_{\mathrm{t}}\sqrt{\frac{m_{\mathrm{l}}}{m_{\mathrm{t}}\sin^2\theta + m_{\mathrm{l}}\cos^2\theta}}$$

$$= m_{\mathrm{t}}\sqrt{\frac{m_{\mathrm{l}}}{\frac{2}{3}m_{\mathrm{t}} + \frac{1}{3}m_{\mathrm{l}}}}$$

$$= m_{\mathrm{t}}\sqrt{\frac{3m_{\mathrm{l}}}{2m_{\mathrm{t}} + m_{\mathrm{l}}}}$$

对于[00$\bar{1}$]方向，则有

$$\cos\alpha = \frac{1}{\sqrt{3}} \quad \cos\beta = \frac{1}{\sqrt{3}} \quad \cos\gamma = -\frac{1}{\sqrt{3}} \qquad\qquad \cos\theta = -\frac{1}{\sqrt{3}}$$

依次计算得到[100]、[$\bar{1}$00]、[010]、[0$\bar{1}$0]、[001]、[00$\bar{1}$]的情况相同。

（2）磁场 **B** 沿[110]方向。

磁场 **B** 沿[110]方向如图 3-16 所示。

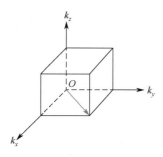

图 3-16 磁场 $\boldsymbol{B}$ 沿[110]方向

对于[001]、[00$\overline{1}$]方向，则有

$$\cos\theta = 0 , \quad \sin\theta = 1$$

$$m_n^* = m_t \sqrt{\frac{m_l}{m_t \sin^2\theta + m_l \cos^2\theta}} = \sqrt{m_t m_l}$$

对于[100]、[$\overline{1}$00]方向，则有

$$\theta = 45° , \quad \cos\theta = \sin\theta = \frac{1}{\sqrt{2}} , \quad m_n^* = m_t \sqrt{\frac{m_l}{m_t \sin^2\theta + m_l \cos^2\theta}} = m_t \sqrt{\frac{2m_l}{m_t + m_l}}$$

对于[010]、[0$\overline{1}$0]方向，则有

$$m_n^* = m_t \sqrt{\frac{2m_l}{m_t + m_l}}$$

（3）磁场 $\boldsymbol{B}$ 沿[100]方向。

对于[001]、[00$\overline{1}$]方向，则有

$$\theta = 90° , \quad \cos\theta = 0 , \quad \sin\theta = 1 , \quad m_n^* = \sqrt{m_t m_l}$$

对于[100]、[$\overline{1}$00]方向，则有

$$\theta = 0° , \quad \cos\theta = 1 , \quad \sin\theta = 0 , \quad m_n^* = m_t \sqrt{\frac{m_l}{m_t \sin^2\theta + m_l \cos^2\theta}} = m_t$$

对于[010]、[0$\overline{1}$0]方向，则有

$$m_n^* = \sqrt{m_t m_l}$$

（4）任意方向。

除之前讨论的三种常见磁场方向外，下面我们设定两种其他方向的情况，如图 3-17 所

示，图 3-17（a）为[221]方向，图 3-17（b）为[012]方向，通过之前的求解方法我们可以求出图 3-17（a）有两种 m_n^* 值，图 3-17（b）有三种 m_n^* 值，仔细分析我们会发现，图 3-17（a）中磁场 **B** 的方向关于 x、y 方向对称，与图 3-17（b）中的磁场/坐标轴对称关系有一定区别。通过研究不同的磁场 **B** 方向，可以得出峰的数目与磁场 **B** 和三个坐标系的空间对称性有很大关系。

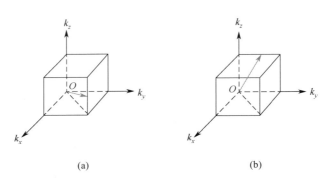

（a）　　　　　　　　　　　（b）

图 3-17　磁场 **B** 沿任意方向

回旋共振实验可以得到不同的 ω 对应着不同的 m_n^*，根据 m_n^* 可以得到 m_t 和 m_l，如在[100]方向可以得到

$$\begin{cases} m_{n1}^* = m_t = 0.19m_0 \\ m_{n2}^* = \sqrt{m_t m_l} = 0.43m_0 \end{cases} \tag{3-51}$$

当然，实际上我们得到的是 $0.19m_0$ 和 $0.43m_0$ 两个数值，并不清楚是哪个有效质量的，但是我们知道一个是 m_t，另一个是 $\sqrt{m_t m_l}$，若把 m_t 写成 $\sqrt{m_t m_l}$，则再通过纵向有效质量大于横向有效质量（从椭球看），所以很容易判断归属。

将式（3-51）代入 $\dfrac{1}{m_n^*} = \dfrac{1}{3}\left(\dfrac{1}{m_l} + \dfrac{2}{m_t}\right)$，可求得平均有效质量（电导有效质量）。

施主电子自旋共振实验可以得到椭球中心（导带底）位于与布里渊区中心的距离为[100]方向的 0.85 倍处[4]。

锗实验结果：[111]方向上有 8 个旋转椭球面，1/2 个旋转椭球面在布里渊区内，导带底在边界上。

2. 硅和锗的价带结构

与导带相同，先根据 $E(k)$ 与 k 关系推导，根据回旋共振求出空穴的有效质量，结论如下。

（1）价带顶位于 $k=0$。

（2）能带是简并的，若不考虑自旋，则硅、锗是三度简并；若考虑自旋，则为六度简并。但如果考虑自旋-轨道耦合，那么将重新分配能带为一个为四度简并，另一个为二度简并。

对于考虑自旋-轨道耦合，有以下情况。

四度简并为

$$E(k) = -\frac{h^2}{2m_0}\left\{Ah^2 \pm \left[B^2k^4 + C^2(k_x^2 k_y^2 + k_y^2 k_z^2 + k_z^2 k_x^2)\right]^{1/2}\right\} \tag{3-52}$$

二度简并为

$$E(k) = -\Delta - \frac{h^2}{2m_0}Ak^2 \tag{3-53}$$

说明：（1）函数 A、B、C 可以通过回旋共振实验测得。

（2）对于式（3-52），同一个 k，对应两个 $E(k)$，意味着有两个有效质量，当取负号时，有效质量大（E 小）称为重空穴（$m_p)_h$，反之称为轻空穴（$m_p)_l$；当 $k = 0$ 时，两个 $E(k)$ 重合。

（3）二度简并表示第三个能带，Δ 是自旋-轨道耦合的分裂能，由于 Δ 使能量降低，因此离开了价带顶，故无实际研究意义。

最后，我们得到硅和锗的能带结构，如图 3-18 所示。

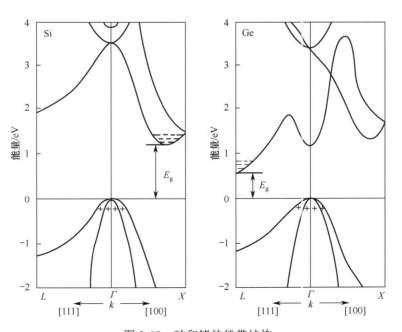

图 3-18　硅和锗的能带结构

硅和锗能带结构的主要特征如下。

（1）导带底、价带顶不在 k 空间的相同点，间接带隙半导体。

（2）$E_g(\text{Si},0\text{K}) = 1.17\text{eV}$；$E_g(\text{Ge},0\text{K}) = 0.744\text{eV}$。

（3）禁带宽度 E_g 随温度的升高而减小。

$$E_g(T) = E_g(0) - \frac{\alpha T^2}{T + \beta} \tag{3-54}$$

式中，α 和 β 均为温度系数。

硅：$\alpha = 4.73 \times 10^{-4}$ eV/K，$\beta = 636\text{K}$；锗：$\alpha = 4.77 \times 10^{-4}$ eV/K，$\beta = 235\text{K}$。

本章综合案例

从能带填充角度分析半导体、导体、绝缘体三者的异同。

参考文献

[1] 谢希德，方俊鑫. 固体物理学[M]上册. 上海：上海科学技术出版社，1961.

[2] 黄昆，谢希德. 半导体物理学[M]. 北京：科学出版社，1958.

[3] 谢希德. 能带理论的进展[J]. 物理学报，1958，14：164.

[4] Feher G. Electron Spin Resonance Experiments on Donor in Si. I. Elecronic Structure of Donors by Electron Nuclear Double Resonance[J]. Phys. Rev.1959,114:1219.

第4章 半导体中的杂质和缺陷能级

第6课时

知识点

知识点 17：间隙式、替位式杂质。

知识点 18：施主杂质、受主杂质和能级。

知识点 19：杂质补偿、深能级杂质。

预留问题

1. 请描述施主杂质或受主杂质的电离过程？

2. 施主杂质和受主杂质的主要区别是什么？导电方面的表现是什么？

3. 哪种替位式杂质可以被认为是浅能级杂质？或者说浅能级杂质的判定标准是什么？

课程思政点

1. 对立统一是唯物辩证法的根本规律（杂质的角色）。

2. 对比分析是认识世界的重要方法（施主杂质与受主杂质）。

3. 表象-抽象-具体的科学思维方法（施主杂质与受主杂质的电离过程）。

4. 量变-质变是唯物辩证法的根本规律（杂质补偿）。

对理想半导体而言，电子只能处于其能带中，而不能出现在禁带中。实际上，晶体则不可避免地存在杂质、缺陷，这些杂质或缺陷破坏了理想的周期性势场，产生了新的能级，同时也在一定程度上改变了电子在晶体中周期性出现的规律。

实际半导体和理想半导体最主要的区别体现在：① 原子不是静止在晶格格点上；② 半导体含有杂质，晶格中存在缺陷。

晶格中的缺陷如下。

（1）点缺陷：空位和间隙原子。

（2）线缺陷：位错。

（3）面缺陷：层错。

杂质的作用体现在：一方面，散射或束缚载流子，影响结晶质量，降低导电性能，需要通过提纯来改善；另一方面，可以在禁带中制造新能级，某些情况下增多载流子，提高导电性能，可以通过掺杂所需杂质来实现。

在 10 万个（10^5）硅原子中加入一个杂质硼原子，相应的电导率室温增加 1 千万倍，杂质掺得多电导率就提高得多，但也有界限，掺杂存在一定的范围。

4.1 硅、锗晶体中的杂质能级

1. 间隙式、替位式杂质

硅是Ⅳ族元素，其结构为立方晶胞。从图 4-1 中可以看出，原子与原子是相邻的，因为原子的最外边沿，即为最外层电子所在边缘或价电子成键的位置，所以原子之间的价键连接可以看成原子外电子壳层的交叠。

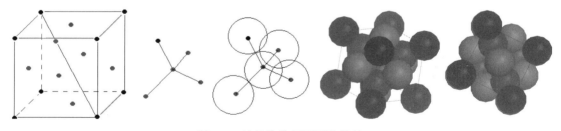

图 4-1　硅晶体的正四面体结构

估算一个原子体积，由于原子内对角线上的原子与顶角原子的距离为 $2r$，而这个距离是体对角线的 1/4，因此 $r=\dfrac{\sqrt{3}a}{8}$；原子体积为 $\dfrac{4}{3}\pi\left(\dfrac{\sqrt{3}a}{8}\right)^3$；晶胞内包含原子数为顶角 $\dfrac{1}{8}\times 8+$面上 $\dfrac{1}{2}\times 6+$体内 4=8（个）；总原子体积为 $\dfrac{4}{3}\pi\left(\dfrac{\sqrt{3}a}{8}\right)^3\times 8=\dfrac{\sqrt{3}\pi a^3}{16}$，与立方晶胞体积

a^3 相比，其比例为 $\frac{\sqrt{3}\pi}{16} \approx 0.34$。虽然硅、锗晶格间隙较大，但能形成间隙式杂质的也只有较小的元素原子氢、氦和锂，如图 4-2 所示。

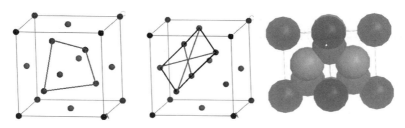

图 4-2　硅晶体的间隙原子掺杂位置

替位式杂质是掺入的杂质原子替换被掺的基质原子，条件是两种原子的大小相当、电子壳层结构相似，将Ⅲ族、Ⅴ族元素掺入相邻的Ⅳ族中。

杂质浓度的概念为：单位体积中杂质原子的数目。

2. 施（受）主杂质、施（受）主能级

硅中掺磷（硼）：磷（硼）最外层有 5（3）个价电子，与周围 4 个硅原子配对后，余下（缺少）1 个价电子，由于原来磷（硼）原子电中性，原子带 1 个单位正（负）电荷，如图 4-3 所示。

磷（硼）替代硅：形成了一个正（负）电中心 P^+（B^-）和 1 个价电子（导电空穴）。

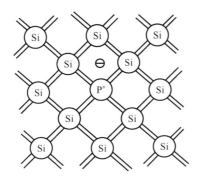
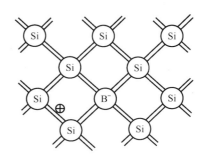

图 4-3（a）　硅中掺磷（施主杂质）　　图 4-3（b）　硅中掺硼（受主杂质）

价电子（导电空穴）弱束缚在 P^+（B^-）离子周围，称为（杂质）束缚态，脱离杂质后形成自由电子（自由空穴），称为离化态；之后就留下不动的 P^+（B^-）；晶体中自由电子（空穴）增多，导电性能改善。

施（受）主杂质：是指在掺入杂质后，释放（接受）导电电子的杂质。

施（受）主杂质电离：是指电子（空穴）脱离杂质原子的束缚成为导电电子（空穴）的过程。

施（受）主杂质电离能：是指使束缚电子（空穴）摆脱施（受）主杂质成为自由电子（空穴）所需的能量。施（受）主能级和施（受）主电离能如图 4-4（a）、（b），硅、锗晶体中的 V 族或 III 族元素掺杂形成的电离能大小如表 4-1 和表 4-2 所示。

施（受）主杂质半导体：是指在掺入杂质后，依靠电子（空穴）导电为主的半导体称为 n（p）型半导体。

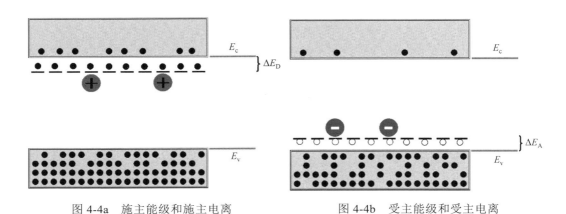

图 4-4a　施主能级和施主电离　　　　　图 4-4b　受主能级和受主电离

表 4-1　硅、锗晶体中 V 族杂质的电离能　　　　　单位：eV

晶　体	施主杂质		
	磷	砷	锑
硅	0.044	0.049	0.039
锗	0.0126	0.0127	0.0096

表 4-2　硅、锗晶体中 III 族杂质的电离能　　　　　单位：eV

晶　体	受主杂质			
	硼	铝	镓	铟
硅	0.045	0.057	0.065	0.16
锗	0.01	0.01	0.011	0.011

室温下，硅的禁带宽度为 1.12eV，锗的禁带宽度为 0.66eV，由表 4-1 与表 4-2 可知，III 族、V 族元素在 IV 族中形成的电离能很小，施主能级和受主能级分别接近于导带底和价带顶，这种电离能很小的掺入杂质，称为浅能级杂质。

室温时自由电子的平均动能为 $\frac{3}{2}k_0 T = 1.5 \times 0.026\text{eV} = 0.039\text{eV}$，对比表 4-1 与表 4-2 可知，大部分施（受）主杂质在室温下均可以电离出自由电子或空穴。注意，当属于微观粒子的电子动能小于电离能值时，同样具有一定概率可以跳到导带或价带（如磷掺杂硅的电离能为 0.044eV），能量越大，其概率越大。

3. 估算电离能和等效玻尔半径

（1）估算电离能。

这里估算的电离能是指浅能级杂质电离能，以将 V 族元素掺入硅半导体中为例（Ⅲ 族元素掺入同样道理，仅是电荷正负不同）。掺入 1 个杂质原子后相当于创造了 1 个带 1 个单位正电荷的正电中心+1 个束缚电子，即加入了 1 个氢原子，因此只需要计算这个氢原子周围的电子电离出去的能量即可[1,2]，即

$$E_n = -\frac{m_0 q^4}{8\varepsilon_0^2 h^2 n^2} \tag{4-1}$$

氢的第一电离能：$\Delta E = E_\infty - E_1 = 0 - \left(-\frac{m_0 q^4}{8\varepsilon_0^2 h^2}\right) = 13.6\text{eV}$

其中，$\varepsilon_0 = 8.854 \times 10^{-12}\text{F/m}$；$q = 1.6 \times 10^{-19}\text{C}$；$m_0 = 9.1 \times 10^{-31}\text{kg}$；$h = 6.63 \times 10^{-34}\text{J·S}$。

区分：① 若电子处于周期性势场中，则用 m_n^* 代替 m_0。

② 若杂质原子相当于处在介质中，则用 $\varepsilon = \varepsilon_0 \varepsilon_r$ 代替 ε_0。

$$\Delta E_D = -\frac{m_n^* q^4}{8\varepsilon_0^2 \varepsilon_r^2 h^2} = \frac{m_n^*}{m_0}\frac{\Delta E_H}{\varepsilon_r^2} \tag{4-2}$$

硅元素的各参数为：$\varepsilon_r = 12$，$m_l = 0.98\ m_0$，$m_t = 0.19\ m_0$；锗元素的各参数为：$\varepsilon_r = 16$，$m_l = 1.64\ m_0$，$m_t = 0.0819\ m_0$。

由 $\dfrac{1}{m_n^*} = \dfrac{1}{3}\left(\dfrac{1}{m_l} + \dfrac{2}{m_t}\right)$，可得

硅 $m_n^* = 0.26\ m_0$，$\Delta E_D = 0.26\dfrac{\Delta E_H}{12^2} = 0.025\text{eV}$；锗 $m_n^* = 0.12\ m_0$，$\Delta E_D = 0.0064\text{eV}$。

（2）等效玻尔半径

已知 $a_0 = \dfrac{h^2 \varepsilon_0}{\pi q^2 m_0} = 0.53\ \overset{\circ}{\text{A}}$，用 m_n^*，ε 代替 m_0，ε_0 得到：硅 $a_{\text{Si}} = \dfrac{m_0}{m_n^*}\varepsilon_r a_0 = 25\ \overset{\circ}{\text{A}}$，锗 $a = 71\ \overset{\circ}{\text{A}}$。

由此可见：等效玻尔半径越大，电离杂质对束缚载流子的束缚力就越弱。当然这是一

种估算，其实对于这个玻尔半径范围内只有 1 个杂质，至于半径以外多大距离或者多大范围内再出现杂质的情况没有考虑在内。

4．杂质的补偿

当两种类型的杂质均存在时，半导体是属于 n 型还是 p 型呢？实际上是由两种杂质的浓度情况来决定的。

N_D 是施主杂质浓度，N_A 是受主杂质浓度；施主杂质产生电子，受主杂质产生空穴，二者相互抵消，称为杂质补偿。

（1）$N_D \gg N_A$，n 型，电子先抵消空穴，剩余部分成为导电电子。

（2）$N_D \ll N_A$，p 型，空穴先抵消电子，剩余部分成为导电空穴。

（3）$N_D \approx N_A$，电子、空穴几乎完全抵消，没有自由电子或空穴，导电性能很差，常被误认作高纯半导体，我们称之为杂质高度补偿。采用通常的电阻测量方法无法测出，一般采用光学测量方法。

杂质补偿的说明如下。

（1）严格地说，任何半导体材料都存在杂质补偿。如硅，作为原料的多晶硅中存在磷、硼等杂质，而且生产多晶硅用的石英坩埚中含有硼、铝等杂质。

（2）可以采用杂质补偿来制作 pn 结。

5．深能级杂质

Ⅲ族、Ⅴ族元素在Ⅳ族中形成浅能级杂质，其他族元素掺入硅、锗中会怎样？通过前面与 4 个 Si 原子配对后剩余电子和剩余空穴的情况进行类比，得到如下特点。

（1）产生的施主或受主能级距离导带底或价带顶较远，称为深能级杂质（一般而言>0.1eV）（深能级的原因是其他族元素最外层价电子与Ⅳ族差别较大，换句话说，若电荷数差别较大，则比较容易形成深能级。这是由于要电离的价电子与其他价电子在同一个壳层上，其他价电子对于原子实的正电荷屏蔽是不完全的，因此该价电子受到大于 1 个电子电荷的正电中心的作用，束缚越大，能级就越深，轨道半径也越小）。

（2）杂质可被多次电离，每次电离对应一个能级。

（3）有的杂质既引入施主能级又引入受主能级。

具体来看，总结如下。

Ⅰ族元素，主族锂，副族铜、银、金，在硅中，铜产生 3 个受主能级，银和金各产生 1 个受主能级和 1 个施主能级；在锗中，三者均产生 3 个受主能级，金还产生一个施主能级。主族锂是间隙式原子形成一个浅能级施主。钠、钾、铷、铯的金属性较强，因此较难掺杂。原则上讲，Ⅰ族可以形成三重受主能级，但是实际上可能有的深能级已经进入导带中，或者不是简单的替位杂质，或者是其他原因导致结果并不像理论上那样。

Ⅱ族元素，主族铍与镁，副族锌、镉、汞：其中，锌、镉、汞在硅、锗中产生 2 个受主能级，汞在硅中还产生 2 个施主能级；铍在锗中产生 2 个受主能级，在硅中产生 1 个受主能级；镁在硅中产生 2 个受主能级。

Ⅲ和Ⅴ族在之前的浅能级杂质中已经讲过，但是Ⅲ族的铟和铊在硅中各产生一个深受主能级。

Ⅵ族元素，硫、硒、碲在锗中均产生 2 个施主能级；硫、硒、碲在硅中，硫产生 3 个施主能级，碲产生 2 个施主能级，硒、氧情况相对复杂，正在研究中。

举例：锗中掺金

金是 IB 族元素，仅有 1 个价电子，在锗中掺金，原则上来说产生 4 个能级，如图 4-5 所示。金原子失去价电子形成施主能级，分别得到 3 个电子形成 3 个受主能级。由于电子间的库仑排斥作用，因此 $E_{A3} > E_{A2} > E_{A1}$，并且都是深能级（注：若未明确标明施主、受主情况的杂质能级图，+表示施主，−表示受主；中线以下是与价带顶的距离，中线以上是与导带底的距离）。

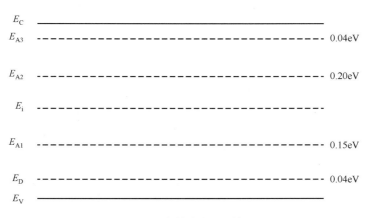

图 4-5　锗中掺金的杂质能级

硅同样作为Ⅳ族元素，如果在其中掺入金，那么原则上讲也应该是 4 个深能级，但是实验检测中发现只有 1 个施主能级和 1 个受主能级，这极可能是由于其余受主电离能太大而进入导带中。

由于深能级杂质的能级深、杂质含量少，因此对半导体内可导电的电子和空穴浓度贡献很小，但是对于前两者的复合作用明显，因此这类杂质也称为复合中心。金作为典型复合中心，常用于制造高速开关器件，提高元器件的响应速率。

课后思考

1. 为什么掺入杂质后形成的杂质能级都是单一能级而不是能带？

2. 为什么杂质能级往往出现在禁带中？

第 7 课时

知识点

知识点 20：Ⅲ-Ⅴ族化合物杂质能级。

知识点 21：缺陷、位错能级。

预留问题

1. 将某一族的杂质掺入Ⅲ-Ⅴ族半导体中将取代哪一族的原子，有什么依据？

2. 将某一族的杂质掺入Ⅲ-Ⅴ族半导体中将形成深能级或浅能级杂质的依据是什么？

3. 如何利用杂质补偿来制作 pn 结？

课程思政点

1. 和而不同——《中庸》：万物并育而不相害，道并行而不相悖（等电子陷阱的性质）。

2. 否定之否定是唯物辩证法的根本规律（改造世界的形式之一就是将缺陷加以利用）。

4.2　Ⅲ-Ⅴ族化合物中的杂质能级

Ⅲ-Ⅴ族化合物大部分是闪锌矿的类金刚石四面体结构，一个原子周围有 4 个其他原子；因此在Ⅴ族中掺入杂质与在Ⅳ族中掺入杂质原理是类似的，区别在于掺入杂质的种类，若是替位式杂质，则可以取代Ⅲ族，也可以取代Ⅴ族。

Ⅰ族元素，一般引入受主能级。

Ⅱ族元素，一般引入浅受主能级。

Ⅲ族或Ⅴ族元素，既不是施主杂质也不是受主杂质，是电中性杂质，不引入能级。但是由于电负性（俘获电子能力，原子序数越小其电负性越大）差别较大也会俘获某种载流子成为带电中心，从而产生能级，这类杂质称为等电子杂质。等电子杂质与基质原子电负性的差别可能形成负电或正电中心，而该中心又可能去俘获另外一种载流子，这样一对载流子形成束缚激子。束缚激子可能会复合消失，也可能受热分离。

举例：在Ⅴ族元素中，用氮取代磷，或者用铋取代磷。

氮取代磷：氮电负性3，磷电负性2.1，氮取代磷后俘获电子形成负电中心，这个负电中心称为等电子陷阱，这个电子的电离能表示为 $\Delta E_D=0.008\text{eV}$（此处氮杂质显然不是施主，是受主性的，但又不是典型的受主，称为等电子陷阱，是一个电子陷阱，其势场是短程的）。

对于Ⅳ族元素，若取代Ⅲ族，则是施主；若取代Ⅴ族，则是受主。也会出现随意取代的情况，总体效果要具体判断，称为杂质的双性行为。一般倾向于引入浅施主杂质。一般而言，在一定掺杂浓度范围内，掺入杂质会有一定倾向。

对于Ⅵ族元素，氧、硫、硒、碲均为施主杂质。

过渡族元素、副族元素的常见价态与导电类型如表4-3所示。

表4-3　过渡族元素、副族元素的常见价态与导电类型

过渡族	钪	钛	钒	铬	锰	铁	钴	镍	铜	锌
理论价态	+3+2+1	+4+2	+5+3+2	+6+5+1	+7+5+2	+3+2+1	+4+2	+5+3+2	+1	+2
实际价态	+3+2	+4	+5+4+3	+3	+7	+3+2	+2	+2	+1	+2
理论掺杂	受主	施、受	施、受	受主	施、受	受主	受主	受主	受主	受主
实际掺杂		深施主	受主	受主	受主	受主	受主	受主	受主	受主

注：实际价态中给出的是主要稳定价态；Cu的非水合为+1，水合为+2价稳定。

4.3　缺陷、位错能级

1. 点缺陷

原子在平衡位置发生热振动时，有一定概率跳到其他晶格位置，形成间隙原子，间隙原子和空位成对出现，称为弗朗克尔缺陷；仅形成空位而无间隙原子称为肖特基缺陷。这两种点缺陷均是热缺陷。

空位紧邻的 4 个原子倾向于接受电子，起到受主作用；间隙原子有 4 个电子可以失去，起到施主作用。

除了热缺陷，化学比偏离一般也会导致点缺陷。但具体是施主还是受主没有定论，如砷空位和镓空位均是受主空位。因此，可以通过改变化学比来控制导电类型，对于氧化物还可以通过真空脱氧的方法来得到 n 型材料。

对于离子晶体，如Ⅱ-Ⅵ族两种原子的电负性有差别，即正离子的电负性小，负离子的电负性大。当正离子形成空位时是受主，负离子空位是施主；当正离子形成间隙原子时

是施主，负离子间隙原子是受主，如图 4-6 所示。

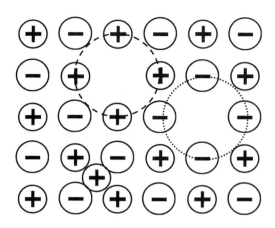

图 4-6　离子晶体中的点缺陷

2. 位错

位错形成原因是：在高温条件下，材料内应力引起的范性形变导致位错的发生。晶体中的范性形变本质上是晶面间的相对滑移。原子最密集的晶面间距较大，结合弱，最容易滑移。

理论估算：晶体两部分在一个晶面上滑移需要很大的力，而实际上却小很多。人们发现晶面间的滑移不是同时在整个晶面上发生的，而是先在局部开始，再逐步扩大。最终形成如图 4-7 所示的情况，多出来的 1 片原子的最下面 1 列原子存在悬键，悬键可以俘获电子形成受主，也可以失去电子形成施主。

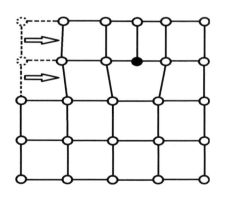

图 4-7　晶体中的位错缺陷

3. 层错

层错是面缺陷，是晶面上缺少或多出一层原子。由于与施主、受主关系不大，因此不再赘述。

本章综合案例

以 Ⅲ - Ⅴ 族元素分别在 Ⅳ 族元素半导体中掺杂形成施（受）主杂质为例，叙述施（受）主杂质电离过程、施（受）主杂质电离能和 n（p）型半导体等概念。

参考文献

[1] [美] 史密斯著. 高鼎三等译.半导体[M]. 北京：科学出版社，1966，59.

[2] 黄昆，谢希德. 半导体物理学[M]. 北京：科学出版社，1958，22.

第 5 章　半导体中载流子的统计分布

第 8 课时

知识点

知识点 22：状态密度。

知识点 23：载流子统计分布/费米分布。

知识点 24：载流子统计分布/载流子浓度。

预留问题

1. 电子浓度如何由态密度得到？

2. 浓度积公式能得到哪些结论？

课程思政点

1. 表象-抽象-具体与模型化的科学思维方法——座位模型（量子态分布）。

2. 表象-抽象-具体与模型化的科学思维方法——坐座位模型（电子占据量子态）。

半导体的应用与导电性能有很大关系，同时导电性能受温度影响，这种影响主要源自半导体中载流子的浓度随温度变化而变化。因此，若要想了解半导体的导电规律，并将半导体应用起来，则需要清楚载流子浓度随着温度变化的规律。

对于讨论电子的统计分布，关注的是量子态的能量，而不是电子在量子态中怎样运动。

我们了解到价带中的电子获得能量可以直接进入导带，该过程称为直接跃迁；第 2 章讲解了电子可以从施主能级进入导带，空穴可以从受主能级进入价带，该过程称为间接跃迁。跃迁还有一个相反的过程，称为复合。实验发现，在某一温度下，半导体的导电性能是基本稳定的，半导体导带中的电子浓度与价带中的空穴浓度是基本不变的，这说明在某一温度下，跃迁和复合的过程达到了一种平衡，因其与温度有关，被称为热平衡。这种平衡是动态的，意味着虽然浓度不变，但跃迁和复合还在不断发生。

温度一旦改变，这种平衡被打破，当温度再次确定时会形成新的平衡，本章主要研究平衡时的情况，至于中间过程不予考虑。

若要研究半导体中载流子的统计分布，则需要明确① 允许的量子态按能量是如何分布的；② 电子在允许的量子态上是如何分布的。

5.1 状态密度（量子态分布）

1. k 空间中的状态密度

一个能带中有多少个能级？从第 3 章中我们知道，对于每立方厘米晶体而言，每个能带含有 $10^{22} \sim 10^{23}$ 个能级。数目如此巨大，能级间距又很小，因此认为能量是准连续的，可以采用导数。

假定 $E \sim E+\mathrm{d}E$ 有 $\mathrm{d}Z$ 个量子态，即

$$\mathrm{d}Z = g(E) \cdot \mathrm{d}E$$

对应的 $|k| \sim |k+\mathrm{d}k|$ 也有 $\mathrm{d}Z$ 个量子态（注意：$g(E)$ 是能量态密度，$g(k)$ 是 k 空间态密度）。

若要求出 $g(E)$，则要先求出 $\mathrm{d}Z$，此时必须求出 $g(k)$。

(k_x, k_y, k_z) 对应一个波矢 $\boldsymbol{k}$，也可以认为边长为 $\left(\dfrac{1}{L}, \dfrac{1}{L}, \dfrac{1}{L}\right)$ 的一个小立方体对应一个波矢 $\boldsymbol{k}$，如图 5-1 所示。

$$k_x = \frac{n_x}{L}, \; n_x = 0, 1, 2, \cdots$$

$$k_y = \frac{n_y}{L}, \; n_y = 0, 1, 2, \cdots \quad\quad (5\text{-}1)$$

$$k_z = \frac{n_z}{L}, \; n_z = 0, 1, 2, \cdots$$

类似于立方体晶胞的 8 个顶点被 8 个立方体共享，一个立方体的体积为 $1/V$。一个立方体就对应一个点，密度为 $\dfrac{1}{\left(\dfrac{1}{V}\right)} = V = L^3$，若计入自旋，则密度为 $2V$[1,2]。

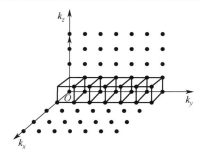

图 5-1　k 空间中的状态分布

2. 导带底态密度

导带底（$k=0$）

$$E(k) - E_c = \frac{h^2 k^2}{2m_n^*} \tag{5-2}$$

二维

$$E(k) - E_c = \frac{h^2 (k_x^2 + k_y^2)}{2m_n^*} \tag{5-3}$$

三维

$$E(k) - E_c = \frac{h^2 (k_x^2 + k_y^2 + k_z^2)}{2m_n^*} \tag{5-4}$$

可变换为

$$(k_x^2 + k_y^2 + k_z^2) = \frac{2m_n^*[E(k) - E_c]}{h^2}$$

$k \sim k+\mathrm{d}k$ 范围内厚度为 $\mathrm{d}k$ 的球壳体积为 $4\pi k^2 \cdot \mathrm{d}k$。

k 空间中的量子态密度为 $2V$。

$E \sim E+\mathrm{d}E$ 范围内量子态数为 $\mathrm{d}Z= 4\pi k^2 \cdot \mathrm{d}k \cdot 2V$。

状态密度 $g_c(E) = \mathrm{d}Z/\mathrm{d}E = 4\pi k^2 \cdot 2V \cdot \mathrm{d}k/\mathrm{d}E$。

由 $E(k) - E_c = \dfrac{h^2 k^2}{2m_n^*}$ 可得

$$k^2 = \frac{2m_n^*(E - E_c)}{h^2}$$

$$\frac{\mathrm{d}k}{\mathrm{d}E} = \frac{\sqrt{2m_n^*}}{h} \cdot \frac{1}{2}(E - E_c)^{-1/2}$$

代入得

$$g_c(E) = 4\pi V \frac{(2m_n^*)^{3/2}(E - E_c)^{1/2}}{h^3} \qquad (5\text{-}5)$$

同样可以得到 $g_v(E)$ 的表达式

$$g_v(E) = 4\pi V \frac{(2m_p^*)^{3/2}(E_v - E)^{1/2}}{h^3}$$

状态密度与能量关系如图 5-2 所示。

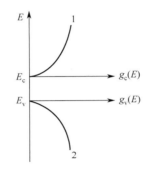

图 5-2　状态密度与能量的关系

3. 实际晶体

椭球面

$$E(k) - E_c = \frac{h^2}{2}\left(\frac{k_x^2 + k_y^2}{m_t} + \frac{k_z^2}{m_1}\right) \qquad (5\text{-}6)$$

且 $k \neq 0$（E_c 不在 $k=0$ 处）。可变换为

$$\left(\frac{k_x^2 + k_y^2}{\dfrac{2m_t(E - E_c)}{h^2}} + \frac{k_z^2}{\dfrac{2m_1(E - E_c)}{h^2}}\right) = 1 \qquad (5\text{-}7)$$

$$a = b = \left[\frac{2m_t(E - E_c)}{h^2}\right]^{1/2}, \quad c = \left[\frac{2m_1(E - E_c)}{h^2}\right]^{1/2}$$

$$V' = \frac{4}{3}\pi abc = \frac{4\pi}{3h^3}(8m_1 m_t^2)^{1/2}(E - E_c)^{3/2}, \quad \mathrm{d}V' = \frac{\mathrm{d}V'}{\mathrm{d}E}\mathrm{d}E = \frac{2\pi}{h^3}(8m_1 m_t^2)^{1/2}(E - E_c)^{1/2}\mathrm{d}E$$

$$dZ = 2V \cdot \frac{2\pi}{h^3}(8m_l m_t^2)^{1/2}(E - E_c)^{1/2}dE \tag{5-8}$$

因为导带极值在 k 空间内有 s 个，所以其状态密度为

$$g_c(E) = \frac{dZ}{dE} = 4\pi V \frac{s(8m_l m_t^2)^{1/2}}{h^3}(E - E_c)^{1/2} \tag{5-9}$$

令 $s(8m_l m_t^2)^{1/2} = (2m_{dn})^{3/2}$，$m_n^* = m_{dn} = s^{2/3}(m_l m_t^2)^{1/3}$，可得

$$g_c(E) = 4\pi V \frac{(2m_n^*)^{3/2}(E - E_c)^{1/2}}{h^3} \tag{5-10}$$

因为有 s 个相同态，所以 $m_n^* = m_{dn} = s^{2/3}(m_l m_t^2)^{1/3}$，$m_n^*$ 为导带底电子态密度有效质量。对于硅结构：$s=6$；对于锗结构：$s=4$。

4. 价带顶态密度

等能面为球面

$$E(k) - E_v = -\frac{h^2(k_x^2 + k_y^2 + k_z^2)}{2m_p^*} \tag{5-11}$$

$$g_v(E) = 4\pi V \frac{(2m_p^*)^{3/2}(E_v - E)^{1/2}}{h^3} \tag{5-12}$$

$$m_p^* = m_{dp} = [(m_p)_l^{3/2} + (m_p)_h^{3/2}]^{2/3} \tag{5-13}$$

同样，m_p^* 为价带顶空穴态密度有效质量。

5.2　载流子的统计分布

电子在允许的量子态中是如何分布的？首先来回顾描述一个全同粒子系统的状态。

经典粒子：全同但可分辨轨迹。

量子粒子：不可分辨。包括费米子和玻色子。

费米子：自旋为半整数，电子、质子，服从泡利不相容原理；

玻色子：自旋为整数，光子。

1. 费米分布函数

在热平衡条件下，电子占据量子态的概率符合费米分布，即

$$f(E) = \frac{1}{1 + \exp\dfrac{E - E_F}{k_0 T}} \tag{5-14}$$

意义：能量为 E 的一个量子态被一个电子占据的概率。

费米能级 E_F：① 温度；② 半导体导电类型；③ 杂质含量；④ 能量零点选取。

意义：系统化学势为：$E_F = \mu = \left(\dfrac{\partial F}{\partial N}\right)_T$，是指在系统处于热平衡时，每增加一个电子引起总自由能的变化。

（1） $T = 0\text{K}$

$$f(E) = \frac{1}{1 + \exp\dfrac{E - E_F}{0}}$$

$E < E_F$ $\exp(-\infty) \to 0$ $f(E) = 1$ 小于 E_F 态上 100% 有电子

$E > E_F$ $\exp(\infty) \to \infty$ $f(E) = 0$ 大于 E_F 态上 100% 无电子

$E = E_F$ $0 \to 1$ $f(E) = 1/2$ 有一半的概率

（2） $T > 0\text{K}$

$E < E_F$ $\exp < 1$ $f(E) > 1/2$；$E \ll E_F$ $\exp \ll 1$ $f(E) \approx 1$

$E > E_F$ $\exp > 1$ $f(E) < 1/2$；$E \gg E_F$ $\exp \gg 1$ $f(E) \approx 0$

$E = E_F$ $f(E) = 1/2$

能量比 E_F 高 $5k_0 T$ 的量子态被电子占据的概率仅为 0.7%，而能量比 E_F 低 $5k_0 T$ 的量子态被电子占据的概率高达 99.3%。

参数 T：当 $T > 0$ 时，出现占据电子区和部分空区，随着 T 的升高，这两个区域增大。

2. 玻耳兹曼分布函数

当能级上的粒子数远小于该能级量子态数时，可以将费米分布近似地看成玻耳兹曼分布函数，如图 5-3 所示。

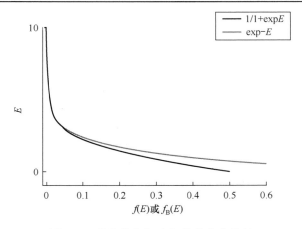

图 5-3　费米分布与玻尔兹曼分布比较

当 $E-E_F \gg k_0T$ 时

$$1+\exp\left(\frac{E-E_F}{k_0T}\right) \quad \sim \quad \exp\left(\frac{E-E_F}{k_0T}\right)$$

注：实际上指数 e 上升很快，当 e 的指数项大约超过 5（结果对比超过 2 个数量级）后，公式中的"1"就可忽略不计。

$$f_B(E) = \exp\left(-\frac{E-E_F}{k_0T}\right) = \exp\left(\frac{E_F}{k_0T}\right)\exp\left(-\frac{E}{k_0T}\right) = A\exp\left(-\frac{E}{k_0T}\right)$$

式中，$A = \exp\left(\dfrac{E_F}{k_0T}\right)$。

由于 E_F 一般位于禁带中，$|E-E_F| \gg k_0T$，因此可以用玻耳兹曼分布描述。

对于空穴可以用 $1-f_B(E)$ 表示，即

$$B\exp\left(\frac{E}{k_0T}\right)$$

式中，$B = \exp\left(-\dfrac{E_F}{k_0T}\right)$。

3. 能带中的载流子浓度（导带中电子浓度和价带中空穴浓度）

$E \sim E+\mathrm{d}E$ 范围内的量子态数为

$$\mathrm{d}Z = g_c(E) \cdot \mathrm{d}E \tag{5-15}$$

$E \sim E+\mathrm{d}E$ 范围内被占据量子态数为

$$dN = dZ \cdot f_B(E) = g_c(E) \cdot dE \cdot f_B(E) \tag{5-16}$$

整个导带中被占据的量子态数为

$$N = \int f_B(E) \cdot g_c(E) \cdot dE \tag{5-17}$$

即整个导带中电子数目。

导带中，电子浓度用 $n = N/V$ 得出

$$n_0 = N / V = \frac{\int f_B(E) \cdot g_c(E) \cdot dE}{V} = \frac{\int \exp\left(-\frac{E - E_F}{k_0 T}\right) \cdot 4\pi V\left(\frac{2m_n^*}{h^2}\right)^{3/2} (E - E_c)^{1/2} \cdot dE}{V}$$

约简掉 V 将常数提前得

$$4\pi\left(\frac{2m_n^*}{h^2}\right)^{3/2} \int \exp\left(-\frac{E - E_F}{k_0 T}\right) \cdot (E - E_c)^{1/2} \cdot dE \tag{5-18}$$

确定积分限，则有

$$4\pi\left(\frac{2m_n^*}{h^2}\right)^{3/2} \int_{E_c}^{\infty} \exp\left(-\frac{E - E_F}{k_0 T}\right) \cdot (E - E_c)^{1/2} \cdot dE \tag{5-19}$$

令 $x=(E-E_c)/k_0T$，则 $x \in (0,\infty)$；$E= k_0T \cdot x + E_c$，则 $dE = k_0T \cdot dx$，将式（5-19）变换为

$$4\pi\left(\frac{2m_n^*}{h^2}\right)^{3/2} (k_0 T)\int_0^{\infty} \exp\left(-\frac{(k_0 T \cdot x + E_c) - E_F}{k_0 T}\right) \cdot (k_0 T \cdot x)^{1/2} \cdot dx \tag{5-20}$$

$$= 4\pi\left(\frac{2m_n^*}{h^2}\right)^{3/2} (k_0 T)^{3/2} \exp\left(-\frac{E_c - E_F}{k_0 T}\right)\int_0^{\infty} e^{-x} \cdot x^{1/2} \cdot dx$$

其中，$\int_0^{\infty} e^{-x} \cdot x^{1/2} \cdot dx = \frac{\sqrt{\pi}}{2}$，积分得到

$$4\pi\left(\frac{2m_n^* k_0 T}{h^2}\right)^{3/2} \exp\left(-\frac{E_c - E_F}{k_0 T}\right)\frac{\sqrt{\pi}}{2} \tag{5-21}$$

$$= 2 \cdot \left(\frac{2\pi m_n^* k_0 T}{h^2}\right)^{3/2} \exp\left(-\frac{E_c - E_F}{k_0 T}\right)$$

$$= N_c \exp\left(-\frac{E_c - E_F}{k_0 T}\right)$$

式中，N_c 称为导带有效状态密度。对比 $f_B = \exp\left(-\dfrac{E-E_F}{k_0 T}\right)$，当 $E=E_c$ 时，与式（5-21）相同，即 $n_0 = N_c f(E_c)$。其中，$f(E_c)$ 是电子占据能量为 E_c 的量子态概率；n_0 是整个导带的电子浓度，因此 N_c 相当于所有量子态均处在导带底时的态密度，才称作导带有效状态密度。

$$p_0 = N_v \exp\left(\frac{E_v - E_F}{k_0 T}\right) \qquad (5\text{-}22)$$

4. 浓度积

$$n_0 p_0 = N_c N_v \exp\left(-\frac{E_c - E_v}{k_0 T}\right) = N_c N_v \exp\left(-\frac{E_g}{k_0 T}\right) \qquad (5\text{-}23)$$

$$= 4 \cdot \left(\frac{2\pi k_0 T}{h^2}\right)^3 (m_n^* m_p^*)^{3/2} \exp\left(-\frac{E_g}{k_0 T}\right)$$

$$= 4 \cdot \left(\frac{2\pi k_0}{h^2}\right)^3 (m_n^* m_p^*)^{3/2} T^3 \exp\left(-\frac{E_g}{k_0 T}\right)$$

$$= 4 \cdot \left(\frac{2\pi k_0 m_0}{h^2}\right)^3 \left(\frac{m_n^* m_p^*}{m_0^2}\right)^{3/2} T^3 \exp\left(-\frac{E_g}{k_0 T}\right)$$

为了表示方便，将质量表示成比值形式，即

$$= 4 \cdot \left(\frac{2 \times 3.14 \times 1.38 \times 10^{-23} \times 9.1 \times 10^{-31}}{6.63 \times 10^{-34} \times 6.63 \times 10^{-34}}\right)^3 \left(\frac{m_n^* m_p^*}{m_0^2}\right)^{3/2} T^3 \exp\left(-\frac{E_g}{k_0 T}\right)$$

$$= 4 \cdot \left(\frac{78.86 \times 10^{-54}}{43.95 \times 10^{-68}}\right)^3 \left(\frac{m_n^* m_p^*}{m_0^2}\right)^{3/2} T^3 \exp\left(-\frac{E_g}{k_0 T}\right)$$

$$= 4 \cdot (1.79 \times 10^{14})^3 \left(\frac{m_n^* m_p^*}{m_0^2}\right)^{3/2} T^3 \exp\left(-\frac{E_g}{k_0 T}\right)$$

$$= 2.3 \times 10^{43} \times \left(\frac{m_n^* m_p^*}{m_0^2}\right)^{3/2} T^3 \exp\left(-\frac{E_g}{k_0 T}\right)$$

$$= 2.3 \times 10^{43} \times \left(\frac{m_n^* m_p^*}{m_0^2} \right)^{3/2} T^3 \exp\left(-\frac{E_g}{k_0 T} \right)$$

上式计算过程中采用国际单位制，一般半导体研究的体积较小，浓度单位采用 cm^3，浓度积的单位是 $1/cm^6$，与立方米相差 10^{-12} 倍，变换之后为

$$2.3 \times 10^{43} \times 10^{-12} \otimes \left(\frac{m_n^* m_p^*}{m_0^2} \right)^{3/2} T^3 \exp\left(-\frac{E_g}{k_0 T} \right) = 2.3 \times 10^{31} \left(\frac{m_n^* m_p^*}{m_0^2} \right)^{3/2} T^3 \exp\left(-\frac{E_g}{k_0 T} \right)$$

说明：（1）电子、空穴浓度积与费米能级无关。

（2）浓度积与禁带宽度、温度相关；若给定半导体，则浓度积由温度决定，与杂质无关。

（3）适用于本征、杂质等非简并半导体。

第 9 课时

知识点

知识点 25：本征半导体载流子浓度求解。

知识点 26：本征半导体判定标准。

预留问题

1. 本征半导体载流子浓度的求解步骤是什么？

2. 本征半导体的判定标准是如何界定的？

课程思政点

1. 纯洁性是标准，也是继续前行的保证。

2. 正确科学的三观是衡量的标尺。

5.3　本征半导体的载流子浓度

本征半导体是指没有杂质和缺陷的半导体，主要依靠本征激发来获得载流子的半导体。

实际应用的本征情况都是指当温度足够高，本征激发的载流子远远超过杂质浓度时的情况。对于半导体晶体管、集成电路等元器件来说，本征情况是一种参考标准，可以用来说明元器件使用的温度限制。

1. 求解载流子浓度的 4 个步骤

（1）电中性条件

当 $T>0K$ 时，本征激发且半导体内总电荷为 0 可得

$$-qn_0+qp_0=0$$

$$n_0=p_0 \tag{5-24}$$

（2）求费米能级 E_F

$$N_c \exp\left(-\frac{E_c - E_F}{k_0 T}\right) = N_v \exp\left(\frac{E_v - E_F}{k_0 T}\right)$$

$$\Rightarrow \quad \exp\left(\frac{-E_c + E_F - E_v + E_F}{k_0 T}\right) = \frac{N_v}{N_c}$$

$$\Rightarrow \quad \frac{2E_F - E_c - E_v}{k_0 T} = \ln\left(\frac{N_v}{N_c}\right)$$

$$\Rightarrow \quad E_F = \frac{1}{2} k_0 T \ln\left(\frac{N_v}{N_c}\right) + \frac{E_c + E_v}{2}$$

$$\Rightarrow \quad E_F = \frac{E_c + E_v}{2} + \frac{1}{2} k_0 T \ln\left(\frac{N_v}{N_c}\right)$$

根据 $N_c = 2 \cdot \left(\frac{2\pi k_0 m_n^* T}{h^2}\right)^{3/2}$，$N_v = 2 \cdot \left(\frac{2\pi k_0 m_p^* T}{h^2}\right)^{3/2}$，可得

$$E_F = \frac{E_c + E_v}{2} + \frac{3}{4} k_0 T \ln\left(\frac{m_p^*}{m_n^*}\right) \tag{5-25}$$

对于参数 $\frac{m_p^*}{m_n^*}$：硅为 0.55，锗为 0.66，砷化镓为 7.0；通过计算我们可以得到三种半导体的本征费米能级均处于中线附近，如图 5-4 所示。

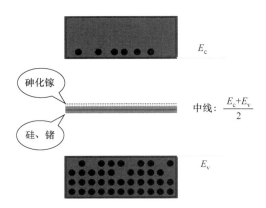

图 5-4 硅、锗、砷化镓半导体的本征费米能级

（3）求载流子浓度

$$n_0 = p_0 = N_c \exp\left(-\frac{E_c - E_F}{k_0 T}\right)$$

$$= N_c \exp\left[-\frac{E_c - \dfrac{E_c + E_v}{2} - \dfrac{1}{2}k_0 T \ln\left(\dfrac{N_v}{N_c}\right)}{k_0 T}\right]$$

$$= N_c \exp\left(-\frac{E_c - E_v}{2k_0 T}\right) \cdot \left(\frac{N_v}{N_c}\right)^{1/2}$$

$$= (N_c N_v)^{1/2} \exp\left(-\frac{E_g}{2k_0 T}\right)$$

$$= p_0 = n_i$$

$$n_i = (N_c N_v)^{1/2} \exp\left(-\frac{E_g}{2k_0 T}\right) \tag{5-26}$$

将 N_c 和 N_v 的表达式代入式（5-26），可得

$$2 \cdot \left(\frac{2\pi k_0 T}{h^2}\right)^{3/2} (m_n^* m_p^*)^{3/4} \exp\left(-\frac{E_g}{2k_0 T}\right)$$

$$n_0 = p_0 = C T^{3/2} \exp\left(-\frac{E_g}{2k_0 T}\right) \tag{5-27}$$

从式（5-27）中可以看出，影响本征半导体载流子浓度的主要因素包括温度与禁带宽度。

（4）作图

设 E_g 随温度线性变化（小范围温度区间可近似看作线性，如室温附近），可用公式表示为：

$$E_g = E_g(0) + \beta T \tag{5-28}$$

这里的 β 为负值，$\beta = \dfrac{\mathrm{d}E_g}{\mathrm{d}T}$。

$$n_i = C T^{3/2} \exp\left(-\frac{E_g(0) + \beta T}{2k_0 T}\right) = C T^{3/2} \exp\left(-\frac{\beta}{2k_0}\right) \exp\left(-\frac{E_g(0)}{2k_0 T}\right)$$

$$= C' \, T^{3/2} \exp\left(-\frac{E_g(0)}{2k_0 T}\right) \Rightarrow n_i T^{-3/2} = C' \exp\left(-\frac{E_g}{2k_0 T}\right)$$

$$\Rightarrow \ln(n_i T^{-3/2}) = C'' - \frac{E_g}{2k_0}\frac{1}{T}$$

由于 T 与 n_i 一一对应。因此近似可以看成

$$y = C'' - kx$$

式中，$|k| = \dfrac{E_g(0)}{2k_0}$，即图线的斜率。

关于图 5-5 的说明如下。

（1）横纵坐标、单位、范围

横轴：上面是实际温度（单位℃），下面是温度倒数扩大 1000 倍；

（2）斜率为负值，可以根据曲线的斜率求出 0K 时禁带宽度，即

$$E_g(0) = 2k_0|k|$$

其中，n_i 需要通过霍尔效应测量，根据射入磁场中的电荷受到基面上聚集电荷形成的电场力与洛伦兹力相互平衡来求解，如图 5-6 所示。

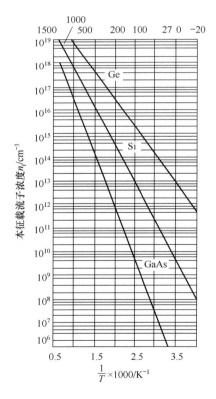

图 5-5　硅、锗、砷化镓的 $\ln n_i \sim 1/T$ 的关系

已知

$$q \upsilon B = qE, \quad q \upsilon B = qU_H/b$$

霍尔元件测磁场是已知霍尔系数 $R_H = \dfrac{-1}{n_0 q}$，求磁场强度 B，此处是已知磁场强度 B，求载流子浓度，即

$$I = (-q) \cdot V \cdot n$$

$$\Rightarrow I = (-q) \cdot (L \cdot b \cdot d) \cdot n$$

$$\Rightarrow I = (-q) \cdot \upsilon b d \cdot n$$

$$\Rightarrow n = -\frac{I \cdot B}{q \cdot d \cdot U_H}$$

霍尔元件测磁场基本原理如图 5-6 所示。

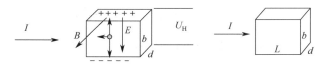

图 5-6　霍尔元件测磁场基本原理

2. 本征半导体判定标准

提纯和掺杂是半导体行业的重要生产环节。若半导体的纯度受各种条件限制而无法达到高纯度，则要想使以本征激发为主，就要求杂质含量不能太高。

例：求室温下硅、锗、砷化镓的本征载流子浓度（室温：$E_g(\text{Si})=1.12\text{eV}$；$E_g(\text{Ge})=0.67\text{eV}$；$E_g(\text{GaAs})=1.428\text{eV}$）。

$$n_i = 2 \times \left(\frac{2\pi k_0 T}{h^2}\right)^{3/2} (m_n^* m_p^*)^{3/4} \exp\left(-\frac{E_g}{2k_0 T}\right) \quad = 2 \times \left(\frac{2\pi k_0 m_0}{h^2}\right)^{3/2} \left(\frac{m_n^* m_p^*}{m_0^2}\right)^{3/4} T^{3/2} \exp\left(-\frac{E_g}{2k_0 T}\right)$$

$$= 2 \times \left(\frac{2 \times 3.14 \times 1.38 \times 10^{-23} \times 9.1 \times 10^{-31}}{6.63 \times 10^{-34} \times 6.63 \times 10^{-34}}\right)^{3/2} \left(\frac{m_n^* m_p^*}{m_0^2}\right)^{3/4} T^{3/2} \exp\left(-\frac{E_g}{2k_0 T}\right)$$

$$= 4.8 \times 10^{15} \left(\frac{m_n^* m_p^*}{m_0^2}\right)^{3/4} T^{3/2} \exp\left(-\frac{E_g}{2k_0 T}\right)$$

对于硅：$m_n^* = 1.08 m_0$，$m_p^* = 0.59\ m_0$；代入上式得　$n_i = 4.8 \times 10^{15}(1.08 \times 0.59)^{3/4} \times 300^{3/2} \times$

$$\exp\left(-\frac{1.12}{2\times0.026}\right) = 4.8\times10^{15}\times0.713\times5196\times\exp(-21.54) = 7.9\times10^{9}$$。测量值为 1.5×10^{10}。

对于锗：$m_n^* = 0.56m_0$，$m_p^* = 0.37m_0$；$n_i = 2\times10^{13}$。测量值为 $n_i = 2.4\times10^{13}$。

对于砷化镓：$m_n^* = 0.068m_0$，$m_p^* = 0.47m_0$；$n_i = 2.3\times10^{6}$。测量值为 $n_i = 1.1\times10^{7}$。

标准：杂质浓度应低于本征载流子浓度一个数量级。

例：纯的硅、锗、砷化镓的杂质含量最高限度为多少？

杂质浓度=原子密度 × 杂质含量

对于硅：本征载流子浓度为 7.9×10^{9}（测量值为 1.5×10^{10}），硅原子密度（已知密度 2.33g/cm^3，摩尔质量 28g/mol）为

$$\frac{2.33}{28}\times6.025\times10^{23} = 5\times10^{22}, \quad \frac{7.9\times10^{9}}{5\times10^{22}} = 1.6\times10^{-13}, \quad \frac{1.5\times10^{10}}{5\times10^{22}} = 3\times10^{-13}$$

至少为 10^{-13}（同数量级）或 10^{-14}（低一个数量级），行业内称为 14 个 9。

对于锗：本征载流子浓度测量值为 2.4×10^{13}，锗原子密度（已知密度为 5.35g/cm^3，摩尔质量为 73g/mol）为

$$\frac{5.35}{73}\times6.025\times10^{23} = 4.4\times10^{22}, \quad \frac{2.4\times10^{13}}{4.4\times10^{22}} = 5.5\times10^{-10}$$

至少 10^{-10} 或 10^{-11}（11 个 9）。

对于砷化镓：本征载流子浓度测量值为 1.1×10^{7}，砷化镓原子密度（已知密度 5.37g/cm^3，摩尔质量 145g/mol）为

$$\frac{5.37}{146}\times6.025\times10^{23} = 2.2\times10^{22}, \quad \frac{1.1\times10^{7}}{2.2\times10^{22}} = 5\times10^{-16}$$

至少 10^{-16} 或 10^{-17}（17 个 9）。

说明：（1）从上面可以看出，一般而言，物质的原子密度在 $10^{22}\sim10^{23}/\text{cm}^3$ 范围内。

（2）影响提纯极限的主要因素是本征载流子浓度。在相同温度下，禁带越宽，本征载流子浓度越低，提纯越困难。

冶金级硅（MGS Metallurgical Grade Silicon）	90%～99%
太阳级硅（SGS Solar Grade Silicon）	99.999%～99.9999%

电子级（多晶）硅（EGS Electric Grade (Poly)Silicon） >99.9999%

超高纯电子级硅 9～11 个 9

3. 本征情况的意义

对于半导体晶体管、集成电路等元器件来说，本征情况是一种参考标准，可以用来说明元器件使用的温度限制。本征情况对于载流子浓度而言是不稳定的，随着温度发生变化，将导致元器件工作的不稳定。

例：估算室温附近纯硅变化 8K 引起的载流子浓度变化。

$$n_1 = 2 \times \left(\frac{2\pi k_0 T_1}{h^2} \right)^{3/2} (m_n^* m_p^*)^{3/4} \exp\left(-\frac{E_g}{2k_0 T_1} \right)$$

$$n_2 = 2 \times \left(\frac{2\pi k_0 T_2}{h^2} \right)^{3/2} (m_n^* m_p^*)^{3/4} \exp\left(-\frac{E_g}{2k_0 T_2} \right)$$

$$\frac{n_2}{n_1} = \left(\frac{T_2}{T_1} \right)^{3/2} \exp\left(\frac{E_g}{2k_0 T_1} - \frac{E_g}{2k_0 T_2} \right) = \left(\frac{T_2}{T_1} \right)^{3/2} \exp\left(\frac{E_g}{2k_0} \frac{T_2 - T_1}{T_1 T_2} \right)$$

其中，$\left(\dfrac{T_2}{T_1} \right)^{3/2}$ 几乎为 1，当上升 8K 时，则有

$$\exp\left(\frac{1.12}{2k_0} \times \frac{8K}{300 \times 308} \right) = \exp\left(\frac{1.12}{2 \times 0.026} \times \frac{8K}{308} \right) = 1.75$$

当下降 8K 时，则有

$$\exp\left(\frac{1.12}{2k_0} \times \frac{8K}{300 \times 292} \right) = \exp\left(\frac{1.12}{2 \times 0.026} \times \frac{8K}{292} \right) = 1.8$$

这种室温附近载流子浓度几乎成倍的变化，将使半导体内部电流大小发生改变，从而引起元器件不稳定，制作半导体元器件一般都会在本征半导体的基础上掺杂合适定量的杂质。

第 10 课时

知识点

知识点 27：杂质半导体 E_F 分区。

知识点 28：低温弱电离区、中间电离区。

预留问题

1. 低温弱电离区的 E_F 极大值是多少？或者说在禁带中的什么位置？

2. 对于 n 型半导体，低温弱电离区的特征表述；为何 p_0 可以表示本征激发？

3. 对于 n 型半导体，在强电离区中，温度已明显升高，杂质可完全电离，为何 p_0 仍然为 0？

4. 对于 n 型半导体，强电离区中最后得到的杂质掺杂范围的上下限是如何确定的？

课程思政点

矛盾的特殊性原理——具体情况具体分析。

5.4 杂质半导体的载流子浓度

1. 杂质能级上的电子和空穴

为了方便理解，我们在研究杂质半导体载流子浓度时对比本征半导体载流子浓度的推导情况，如表 5-1 所示。

表 5-1 本征半导体与杂质半导体对比

电子位置	本征半导体	杂质半导体（施主为例）
	导带中	杂质能级
量子态	泡利原理，相互独立，一个电子占据某一状态不影响其他状态存在。	不允许自旋相反的两个电子占据一个量子态，当一个电子去占时可选择正自旋或反自旋，反过来说，量子态上或出现正自旋或反自旋或没有电子，但一旦占据不可能再出现自旋相反的电子去占据这个自旋简并态。因为再占据需要很大能量，参考多次电离情况

（续表）

电子位置	本征半导体	杂质半导体（施主为例）
	导带中	杂质能级
占据概率	$f(E)=\dfrac{1}{1+\exp\dfrac{E-E_{F}}{k_{0}T}}$ $=\exp\left(-\dfrac{E-E_{F}}{k_{0}T}\right)$	$f_{D}(E)=\dfrac{1}{1+\dfrac{1}{2}\exp\dfrac{E_{D}-E_{F}}{k_{0}T}}$ 不可以再化简，因为 E_{D} 处于禁带中，不满足条件
量子态数	$\mathrm{d}Z=g_{c}(E)\cdot\mathrm{d}E$	N_{D}
电子浓度	$n_{0}=\dfrac{1}{V}\int f_{B}(E)\cdot g_{c}(E)\cdot\mathrm{d}E$	$n_{D}=N_{D}f_{D}(E)$ $=\dfrac{N_{D}}{1+\dfrac{1}{2}\exp\dfrac{E_{D}-E_{F}}{k_{0}T}}$
电离施主浓度		$n_{D}^{+}=N_{D}(1-f_{D}(E))=N_{D}-n_{D}$ $=\dfrac{N_{D}}{1+2\exp\left(-\dfrac{E_{D}-E_{F}}{k_{0}T}\right)}$
电中性条件	$n_{0}=p_{0}$	$n_{0}=p_{0}+n_{D}^{+}$

2. 求解载流子浓度步骤

（1）电中性条件为

$$N_{c}\exp\left(-\frac{E_{c}-E_{F}}{k_{0}T}\right)=N_{v}\exp\left(\frac{E_{v}-E_{F}}{k_{0}T}\right)+\frac{N_{D}}{1+2\exp\left(-\dfrac{E_{D}-E_{F}}{k_{0}T}\right)} \qquad (5\text{-}29)$$

（2）求费米能级 E_{F}。从式（5-29）可以看出，求解过程比较困难。

由于不能化简导致求解困难，不能化简的原因在于 E_{D} 处于禁带当中，E_{D} 与 E_{F} 的相对位置可能出现至少以下三种情况。

① $E_{F}\gg E_{D}$，$n_{D}^{+}=\dfrac{N_{D}}{1+2\exp(\infty)}$，"1" 可以舍掉（不可取 $n_{D}^{+}=0$，因为杂质不电离无意义）；

② $E_{F}\approx E_{D}$，$n_{D}^{+}=\dfrac{N_{D}}{1+2\exp(0)}=\dfrac{N_{D}}{3}$，$\dfrac{1}{3}$ 电离，$\dfrac{2}{3}$ 未电离；

③ $E_{F}\ll E_{D}$，$n_{D}^{+}=\dfrac{N_{D}}{1+2\exp(-\infty)}=\dfrac{N_{D}}{1+0}=N_{D}$。

将 E_{F} 下移的过程再细分，可以分为 5 个区域：低温弱电离区、中间电离区、强电离区、过渡区、高温本征激发区，依次经历的 5 个区域也是温度不断升高的过程。

（1）低温弱电离区。温度很低，热运动提供的能量不足以使电子摆脱杂质的束缚，电离十分微弱；本征激发需要的能量更高，因此可以忽略，$p_0 = 0$。

（2）中间电离区。温度有所升高，杂质电离明显增多；本征激发仍然很少，可以忽略，$p_0 = 0$。

（3）强电离区。温度进一步升高，使杂质电离完成，但由于杂质完全电离的能量很小，因此该能量仍不足以使本征激发显著增加，$p_0 = 0$。

（4）过渡区。温度再升高，也无法电离出更多的电子；本征激发明显上升，与杂质电离抗衡，$n_0 = p_0 + N_D$。

（5）高温本征激发区。本征激发远超过杂质电离，$n_0 = p_0$。

3. 分区求解载流子浓度（以 n 型半导体为例）

（1）低温弱电离区。

基本特征：① $p_0 = 0$；② $E_F - E_D \gg k_0 T$（本书表述为 $n_D^+ \ll N_D$，所以 $\exp\left(-\dfrac{E_D - E_F}{k_0 T}\right) \gg 1$）。

电中性条件：$n_0 = n_D^+$。

求 E_F，根据特征①化简得

$$N_c \exp\left(-\frac{E_c - E_F}{k_0 T}\right) = \frac{N_D}{1 + 2\exp\left(-\dfrac{E_D - E_F}{k_0 T}\right)} \tag{5-30}$$

根据特征②进一步化简为

$$N_c \exp\left(-\frac{E_c - E_F}{k_0 T}\right) = \frac{N_D}{2}\exp\left(\frac{E_D - E_F}{k_0 T}\right)$$

$$\Rightarrow \exp\left(\frac{-E_c + E_F - E_D + E_F}{k_0 T}\right) = \frac{N_D}{2N_c}$$

$$\Rightarrow \exp\left(\frac{-E_c + E_F - E_D + E_F}{k_0 T}\right) = \frac{N_D}{2N_c}$$

$$\Rightarrow E_F = \frac{E_c + E_D}{2} + \frac{1}{2}k_0 T \ln\left(\frac{N_D}{2N_c}\right) \tag{5-31}$$

讨论：处在低温弱电离区的费米能级处于什么位置，随温度升高如何变化？

① 当 T 趋于 0 时。

$$E_{\text{F}} = \frac{E_{\text{c}} + E_{\text{D}}}{2} + \frac{1}{2} k_0 T \ln\left(\frac{N_{\text{D}}}{2N_{\text{c}}}\right)$$

$$\Rightarrow E_{\text{F}} = \frac{E_{\text{c}} + E_{\text{D}}}{2} + \frac{1}{2} k_0 T \ln\left(\frac{N_{\text{D}}}{2AT^{3/2}}\right)$$

$$\Rightarrow E_{\text{F}} = \frac{E_{\text{c}} + E_{\text{D}}}{2} + \frac{1}{2} k_0 T \left[\ln\left(\frac{N_{\text{D}}}{2A}\right) - \frac{3}{2}\ln T\right] = \frac{E_{\text{c}} + E_{\text{D}}}{2} + \frac{1}{2} k_0 T \ln\left(\frac{N_{\text{D}}}{2A}\right) - \frac{3}{4} k_0 T \ln T$$

对上式第三项中，$T \ln T$ 研究取极限时情况，即

$$\lim_{T \to 0}(T \ln T) = \lim_{T \to 0}\left(\frac{\ln T}{T^{-1}}\right) = \lim_{T \to 0}\frac{(\ln T)'}{(T^{-1})'} = \lim_{T \to 0}\left(\frac{T^{-1}}{-T^{-2}}\right) = \lim_{T \to 0}(-T) = 0$$

所以当 T 趋于 0 时，$E_{\text{F}} = \dfrac{E_{\text{c}} + E_{\text{D}}}{2}$。

② 当 T 升高时。

$$E_{\text{F}} = \frac{E_{\text{c}} + E_{\text{D}}}{2} + \frac{1}{2} k_0 T \ln\left(\frac{N_{\text{D}}}{2A}\right)\uparrow - \frac{3}{4} k_0 T \ln T \uparrow$$

随温度升高，难以判断后两项的变化趋势，因此对 E_{F} 求一阶导数，则有

$$\frac{\mathrm{d}E_{\text{F}}}{\mathrm{d}T} = 0 + \frac{1}{2} k_0 \ln\left(\frac{N_{\text{D}}}{2A}\right) - \frac{3}{4} k_0 \left(\ln T + T\frac{1}{T}\right) = \frac{1}{2} k_0 \ln\left(\frac{N_{\text{D}}}{2A}\right) - \frac{3}{4} k_0 \ln T - \frac{3}{4} k_0$$

$$= \frac{1}{2} k_0 \left(\ln\frac{N_{\text{D}}}{2A} - \frac{3}{2}\ln T\right) - \frac{3}{4} k_0 = \frac{1}{2} k_0 \left(\ln\frac{N_{\text{D}}}{2A} - \ln T^{3/2}\right) - \frac{3}{4} k_0 = \frac{1}{2} k_0 \ln\left(\frac{N_{\text{D}}}{2AT^{3/2}}\right) - \frac{3}{4} k_0$$

$$= \frac{1}{2} k_0 \ln\left(\frac{N_{\text{D}}}{2N_{\text{c}}}\right) - \frac{3}{4} k_0$$

令 E_{F} 一阶导数等于 0，可得

$$\ln\left(\frac{N_{\text{D}}}{2N_{\text{c}}}\right) = \frac{3}{2}, \quad N_{\text{D}} = 2e^{3/2} N_{\text{c}}$$

该极值为最大值还是最小值？对上式中的 $\dfrac{1}{2} k_0 \left(\ln\dfrac{N_{\text{D}}}{2A} - \dfrac{3}{2}\ln T\right) - \dfrac{3}{4} k_0$ 项求二阶导数，

可得

$$\frac{\mathrm{d}^2 E_{\mathrm{F}}}{\mathrm{d}T^2} = -\frac{3}{4}k_0\frac{1}{T} < 0$$

可见该极值为极大值。由于是在低温弱电离区，温度 T 很低，因此尽管有一个极大值，但 E_{F} 一直在导带底和施主能级的中间位置附近，如图 5-7 所示。

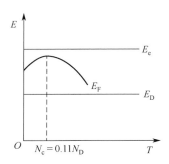

图 5-7 低温弱电离区 E_{F} 与 T 的关系

上面讨论的过程中，已经求出了费米能级表达式，完成了求解的第二步。

第三步求载流子浓度，将 E_{F} 表达式代回到 n_0 和 p_0 定义式求得

$$n_0 = N_{\mathrm{c}} \exp\left(-\frac{E_{\mathrm{c}} - \dfrac{E_{\mathrm{c}}+E_{\mathrm{D}}}{2} - \dfrac{1}{2}k_0 T \ln\left(\dfrac{N_{\mathrm{D}}}{2N_{\mathrm{c}}}\right)}{k_0 T}\right)$$

$$= N_{\mathrm{c}} \exp\left(-\frac{E_{\mathrm{c}} - E_{\mathrm{D}}}{2k_0 T} + \frac{1}{2}\ln\frac{N_{\mathrm{D}}}{2N_{\mathrm{c}}}\right)$$

$$= N_{\mathrm{c}}\left(\frac{N_{\mathrm{D}}}{2N_{\mathrm{c}}}\right)^{1/2} \exp\left(-\frac{E_{\mathrm{c}} - E_{\mathrm{D}}}{2k_0 T}\right) = \left(\frac{N_{\mathrm{c}} N_{\mathrm{D}}}{2}\right)^{1/2} \exp\left(-\frac{\Delta E_{\mathrm{D}}}{2k_0 T}\right) \quad （5\text{-}32）$$

下面用一个具体例子直观地感受该区域的温度和载流子浓度特点。

例：已知硅中掺锑，杂质浓度为 $5\times10^{15}/\mathrm{cm}^3$ 和 $10^{18}/\mathrm{cm}^3$，施主杂质电离能 $\Delta E_{\mathrm{D}} = 0.039\mathrm{eV}$。

求在低温弱电离区，E_{F} 正好在 $\dfrac{E_{\mathrm{c}}+E_{\mathrm{D}}}{2}$ 处的温度，此时载流子（含电子和空穴）浓度是多少？

答：根据 n 型半导体的费米能级表达式

$$E_F = \frac{E_c + E_D}{2} + \frac{1}{2} k_0 T \ln\left(\frac{N_D}{2N_c}\right)$$

$$\Rightarrow \frac{1}{2} k_0 T \ln\left(\frac{N_D}{2N_c}\right) = 0$$

$$\Rightarrow T \rightarrow 0\,\mathrm{K}; \quad N_D = 2N_c$$

$$N_D = 2AT^{3/2} \qquad \begin{array}{l} A_{Si} = 5.4 \times 10^{15}/\mathrm{cm}^3,\ B_{Si} = 2.2 \times 10^{15}/\mathrm{cm}^3 \\ A_{Ge} = 2 \times 10^{15}/\mathrm{cm}^3,\ B_{Ge} = 1.1 \times 10^{15}/\mathrm{cm}^3 \end{array}$$

代入数值计算得

$$5 \times 10^{15} = 2 \times 5.4 \times 10^{15} T^{3/2} \qquad \Rightarrow T = 0.6\,\mathrm{K}$$

$$10^{18} = 2 \times 5.4 \times 10^{15} T^{3/2} \qquad \Rightarrow T = 20.5\,\mathrm{K}$$

人类在 1926 年得到 0.71K 的低温，1933 年得到 0.27K 的低温，1957 年创造了 0.00002K 的超低温。目前，人们甚至已得到了 20nK（2×10^{-8}）的低温，但仍永远不可能得到绝对零度。

当 $T \rightarrow 0\,\mathrm{K}$ 时，载流子浓度趋近于 0。

当 $T = 0.6\,\mathrm{K}$ 时，则有

$$n_0 = \left(\frac{N_c N_D}{2}\right)^{1/2} \exp\left(-\frac{\Delta E_D}{2k_0 T}\right)$$

因为 $N_D = 2N_c$，由此可得

$$n_0 = \frac{N_D}{2} \exp\left(-\frac{0.044\mathrm{eV} \times 1.6 \times 10^{-19}}{2 \times 1.38 \times 10^{-23} \times 0.6}\right) = \frac{5 \times 10^{15}}{2} \exp(-425) = 10^{-170}/\mathrm{cm}^3 \approx 0$$

当 $T = 20.5\,\mathrm{K}$ 时，则有

$$n_0 = \frac{N_D}{2} \exp\left(-\frac{0.044\mathrm{eV} \times 1.6 \times 10^{-19}}{2 \times 1.38 \times 10^{-23} \times 20.5}\right) = \frac{10^{18}}{2} \exp(-12.44) = 2 \times 10^{12}\,(\mathrm{cm}^{-3})$$

采用空穴定义式求解空穴浓度，即

$$p_0 = N_v \exp\left(\frac{E_v - \dfrac{E_c + E_D}{2} - \dfrac{1}{2} k_0 T \ln\left(\dfrac{N_D}{2N_c}\right)}{k_0 T}\right)$$

$$= N_v \exp\left(\frac{2E_v - E_c - E_D}{2k_0 T} - \frac{1}{2}\ln\frac{N_D}{2N_c}\right)$$

$$= N_v \left(\frac{2N_c}{N_D}\right)^{1/2} \exp\left(\frac{\Delta E_D - 2E_g}{2k_0 T}\right)$$

$$= 2.2\times10^{15}T^{3/2}\left(\frac{2\times5.4\times10^{15}T^{3/2}}{10^{18}}\right)^{1/2}\exp\left(\frac{(0.044 - 2\times1.17)\times1.6\times10^{-19}}{2\times1.38\times10^{-23}\times20.5}\right)$$

$$= 2.2\times10^{15}\times20.5^{3/2}\left(\frac{2\times5.4\times10^{15}\times20.5^{3/2}}{10^{18}}\right)^{1/2}\exp\left(-649\right)$$

$$= 2\times10^{17}\times1.49\times10^{-282} = 2.97\times10^{-265} \approx 0$$

可以采用浓度积公式来计算空穴浓度，即

$$p_0 = \frac{n_i^2}{n_0} = \frac{N_c N_v \exp\left(-\dfrac{E_g}{k_0 T}\right)}{n_0}$$

$$= \frac{5.4\times10^{15}T^{3/2}\times2.2\times10^{15}T^{3/2}\exp\left(-\dfrac{1.17\times1.6\times10^{-19}}{1.38\times10^{-23}\times20.5}\right)}{2\times10^{3}}$$

$$= \frac{5.4\times10^{15}\times2.2\times10^{15}\times20.5^{3}\exp(-661.7)}{2\times10^{3}} = \frac{10^{35}\times4.25\times10^{-288}}{2\times10^{12}} = 2.1\times10^{-265} \approx 0$$

以上两种方法结果是基本一致的，对于这两种方法可根据具体情况选择。从结果的分子上可以看出，低温下本征载流子浓度积极小，表明其载流子浓度也很小，几乎为 0；同时与同温度下杂质半导体的多子浓度相比相差甚远。

作图

$$n_0 = \left(\frac{N_c N_D}{2}\right)^{1/2}\exp\left(-\frac{\Delta E_D}{2k_0 T}\right) = CT^{3/4}\exp\left(-\frac{\Delta E_D}{2k_0 T}\right)$$

$$\Rightarrow n_0 T^{-3/4} = C\exp\left(-\frac{\Delta E_D}{2k_0 T}\right)$$

公式取对数得

$$\ln\left(n_0 T^{-3/4}\right) = \ln C - \frac{\Delta E_D}{2k_0}\frac{1}{T}$$

将上式看作

$$y = C' - kx$$

的形式，可以作出 $\ln\left(n_0 T^{-3/4}\right) - \dfrac{1}{T}$ 的图线。

通过图线斜率可以得到 $-\dfrac{\Delta E_D}{2k_0}$，从而得到杂质电离能，进一步可确定杂质能级位置。

（2）中间电离区。

E_F 继续下降到达杂质能级附近。

基本特征：①　$E_F = E_D$（求 E_F）；②　$p_0 = 0 \Rightarrow n_0 = n_D^+$（电中性条件）。

载流子浓度为

$$n_D^+ = \frac{N_D}{1 + 2\exp\left(-\dfrac{E_D - E_F}{k_0 T}\right)} = \frac{N_D}{3} = n_0$$

第 11 课时

知识点

知识点 29：强电离区。

知识点 30：过渡区、高温本征激发区。

预留问题

1. 已知硅中每 100 万个硅原子掺进一个 V 族杂质（如磷），硅的纯度是多少？电导率在室温下如何提高 100 万倍？

2. 如果用杂质电离和本征激发的主导作用来划分 5 个费米能级分区，那么如何划分？

3. n 型半导体，费米能级随温度升高一直下降，它能低于本征费米能级吗？

课程思政点

1. 认识世界和改造世界统一的基础是实践。

2. 辩证唯物主义——外部矛盾是事物发展变化的基础。

（3）强电离区。

温度进一步升高，E_F 通过 E_D 进一步下降，并远离 E_D，则有

$$n_D^+ = \frac{N_D}{1 + 2\exp(-\infty)} = \frac{N_D}{1+0} = N_D$$

基本特征：① $n_D^+ = N_D$；② $p_0 = 0$ $\Rightarrow n_0 = n_D^+$ （电中性条件）。

载流子浓度为

$$n_0 = n_D^+ = N_D$$

E_F

$$n_0 = N_D$$

$$\Rightarrow N_\mathrm{c} \exp\left(-\frac{E_\mathrm{c}-E_\mathrm{F}}{k_0 T}\right) = N_\mathrm{D}$$

$$\Rightarrow E_\mathrm{F} = E_\mathrm{c} + k_0 T \ln\left(\frac{N_\mathrm{D}}{N_\mathrm{c}}\right) \tag{5-33}$$

注意：式（5-33）并不表示 E_F 大于 E_c，因为到高温阶段 N_c 很大，将要超过 N_D；因此随着 T 升高，E_F 下降，这与低温区的趋势一致。

例：估算当温度为室温时硅中掺磷杂质达到全部电离时的杂质浓度上限。

疑问：若处在强电离区，则杂质完全电离；若室温是在强电离区，则上限不应该就是浓度 N_D 吗？实际上，所谓的百分之百电离是不可能的，杂质随着电离的进行会越来越困难，越到后面越难电离，需要的温度也越高。

因此，工业上常采用人为制定的电离标准来表示完全电离，一般是 90% 以上。

① 常用估算：$n_\mathrm{D} = \dfrac{N_\mathrm{D}}{1+\dfrac{1}{2}\exp\dfrac{E_\mathrm{D}-E_\mathrm{F}}{k_0 T}}$，因为 $E_\mathrm{D}-E_\mathrm{F} \gg k_0 T$，"1" 可以省略，得到

$$n_\mathrm{D} = 2 N_\mathrm{D} \exp\frac{E_\mathrm{F}-E_\mathrm{D}}{k_0 T}$$

将 $E_\mathrm{F} = E_\mathrm{c} + k_0 T \ln\left(\dfrac{N_\mathrm{D}}{N_\mathrm{c}}\right)$（注意，此处的 E_F 表达式是通过 $n_0 = N_\mathrm{D}$ 百分百电离得到的）代入前式得

$$n_\mathrm{D} = 2 N_\mathrm{D} \exp\frac{E_\mathrm{c} + k_0 T \ln\left(\dfrac{N_\mathrm{D}}{N_\mathrm{c}}\right) - E_\mathrm{D}}{k_0 T} = 2 N_\mathrm{D}\left(\frac{N_\mathrm{D}}{N_\mathrm{c}}\right)\exp\left(\frac{\Delta E_\mathrm{D}}{k_0 T}\right)$$

定义：$D_- = \dfrac{n_\mathrm{D}}{N_\mathrm{D}} = \left(\dfrac{2 N_\mathrm{D}}{N_\mathrm{c}}\right)\exp\left(\dfrac{\Delta E_\mathrm{D}}{k_0 T}\right)$ 称为未电离施主百分数。

若标准是 90%，则有

$$0.1 = \left(\frac{2 N_\mathrm{D}}{5.4\times10^{15}\times300^{3/2}}\right)\exp\left(\frac{0.044}{0.026}\right)$$

$$\Rightarrow N_\mathrm{D} = 2.58\times10^{17}$$

注意：掺杂量此时被确定了，如果掺得比这个多，那么在室温下就达不到完全电离标准（90%）。若标准是 99%，则结果为 $N_\mathrm{D} = 2.58\times10^{16}$；若比这个多，则室温下也达不到完

全电离标准。也就是说，这样的方法得到的结果就是上限，下限我们之前已经知道本征载流子浓度测量值为 1.5×10^{10}，要想使本征无法影响杂质浓度，杂质浓度就要高出 1 个量级，也就是 10^{11}，因此得到硅中掺磷半导体理想工作掺杂浓度范围为 $10^{11} \sim 10^{17}$。此时工作时浓度稳定，电流稳定，并且完全电离。

例：当掺杂浓度为 5×10^{15}，完全电离（90%或99%）所需温度为多少？

当 $D_- = 0.1$ 时，则有

$$D_- = \frac{n_D}{N_D} = \left(\frac{2N_D}{N_c}\right) \exp\left(\frac{\Delta E_D}{k_0 T}\right)$$

$$\Rightarrow 0.1 = \left(\frac{2 \times 5 \times 10^{15}}{5.4 \times 10^{15} T^{3/2}}\right) \exp\left(\frac{0.044 \times 1.6 \times 10^{-19}}{1.38 \times 10^{-23} T}\right)$$

$$\Rightarrow 0.054 T^{3/2} = \exp\left(\frac{510.1}{T}\right)$$

可得到 $T = 120\,\text{K}$。

当 $D_- = 0.01$ 时则有

$$0.0054 T^{3/2} = \exp\left(\frac{510.1}{T}\right)$$

可得到 $T = 190\,\text{K}$。

这验证了之前的说法，电离越多所需温度越高，意味着就越困难。

② 精确算法：将 $E_F = E_c + k_0 T \ln\left(\frac{N_D}{N_c}\right)$ 代入 $n_D^+ = \dfrac{N_D}{1 + 2\exp\left(-\dfrac{E_D - E_F}{k_0 T}\right)}$ 得

$$n_D^+ = \frac{N_D}{1 + 2\exp\left(\dfrac{E_c - E_D}{k_0 T} + \ln\dfrac{N_D}{N_c}\right)} = \frac{N_D}{1 + \dfrac{2N_D}{N_c}\exp\left(\dfrac{\Delta E_D}{k_0 T}\right)}$$

当室温标准是 90%时，则有

$$1 + \frac{2N_D}{N_c}\exp\left(\frac{\Delta E_D}{k_0 T}\right) = \frac{1}{D_+}$$

$$\Rightarrow N_D = 2.87 \times 10^{17}$$

因此，用 n_D^+ 同样可以得出结果，结果在理论上更为精确，可根据实际情况选择计算方法。

（4）过渡区。

温度进一步升高，杂质电离早已经饱和，本征载流子浓度持续升高，两者可以抗衡，不相上下。

基本特征： ① $n_D^+ = N_D$ ； ② $p_0 \neq 0$ 。

电中性条件为

$$n_0 = p_0 + N_D \tag{5-34}$$

方法一：先求 E_F 后求 n_0 。

$$n_0 = N_c \exp\left(-\frac{E_c - E_F}{k_0 T}\right), \quad n_i = N_c \exp\left(-\frac{E_c - E_i}{k_0 T}\right) \quad \Rightarrow n_0 = n_i \exp\left(\frac{E_F - E_i}{k_0 T}\right)$$

$$p_0 = N_v \exp\left(\frac{E_v - E_F}{k_0 T}\right), \quad n_i = N_v \exp\left(\frac{E_v - E_i}{k_0 T}\right) \quad \Rightarrow p_0 = n_i \exp\left(\frac{E_i - E_F}{k_0 T}\right)$$

代入电中性条件，则有

$$n_i \exp\left(\frac{E_F - E_i}{k_0 T}\right) = n_i \exp\left(\frac{E_i - E_F}{k_0 T}\right) + N_D$$

$$\Rightarrow n_i \exp\left(\frac{E_F - E_i}{k_0 T}\right) - n_i \exp\left(\frac{E_i - E_F}{k_0 T}\right) = N_D$$

$$\Rightarrow 2 n_i \text{sh}\left(\frac{E_F - E_i}{k_0 T}\right) = N_D$$

$$\Rightarrow E_F = E_i + k_0 T \text{sh}^{-1}\left(\frac{N_D}{2 n_i}\right) \tag{5-35}$$

式中， $n_i = (N_c N_v)^{1/2} \exp\left(-\frac{E_g}{2 k_0 T}\right)$ ， $E_i = \frac{E_c + E_v}{2} + \frac{1}{2} k_0 T \ln\left(\frac{N_v}{N_c}\right)$ ，温度、半导体确定并作为已知量。

双曲函数 $y = \text{sh}x = \dfrac{e^x - e^{-x}}{2}$ ，反双曲函数 $x = \dfrac{e^y - e^{-y}}{2}$ ，令 $e^y = u$ ，解 $u^2 - 2xu - 1 = 0$

$u = x \pm \sqrt{x^2 + 1}$ ，所以 $u > 0$ ， $e^y = x + \sqrt{x^2 + 1}$ $\Rightarrow y = \ln^{x + \sqrt{x^2 + 1}}$

$$E_F = E_i + k_0 T \ln^{\frac{N_D}{2n_i} + \sqrt{\left(\frac{N_D}{2n_i}\right)^2 + 1}}$$

将求出的 E_F 代入 n_0 定义式，可求载流子浓度。

方法二：先求 n_0 后求 E_F。

$$\begin{cases} n_0 = p_0 + N_D \\ n_0 p_0 = n_i^2 \end{cases} \quad \Rightarrow n_0^2 - N_D n_0 - n_i^2 = 0 \quad \Rightarrow n_0 = \frac{N_D \pm \sqrt{N_D^2 + 4n_i^2}}{2} \quad 取正号$$

将其代入 n_0 定义式，可得

$$E_F = E_c + k_0 T \ln\left(\frac{N_D + \sqrt{N_D^2 + 4n_i^2}}{2N_c}\right)$$

也可以将上述两种方法结合使用，方法一方便求 E_F，方法二方便求 n_0。

讨论：

$$n_0 = \frac{N_D + \sqrt{N_D^2 + 4n_i^2}}{2}$$

① 当 $N_D \gg n_i$ 时，$n_0 = \frac{N_D}{2}\left[1 + \left(1 + \frac{4n_i^2}{N_D^2}\right)^{1/2}\right]$，将此处的 $\left(1 + \frac{4n_i^2}{N_D^2}\right)^{1/2}$ 中的 $\frac{4n_i^2}{N_D^2}$ 看作 x。

$$f(x) = f(x_0) + f'(x_0)(x - x_0) + \frac{1}{2!}f''(x_0)(x - x_0)^2 + \cdots$$

$$(1 + x)^{1/2} = f(0) + f'(0)x + \frac{1}{2!}f''(0)x^2 + \cdots = 1 + \left[(1+x)^{1/2}\right]'_{x=0} x = 1 + \frac{1}{2}(1+0)^{-1/2}x$$

$$\left(1 + \frac{4n_i^2}{N_D^2}\right)^{1/2} = 1 + \frac{1}{2}x = 1 + \frac{2n_i^2}{N_D^2}$$

$$n_0 = \frac{N_D}{2}\left[1 + \left(1 + \frac{2n_i^2}{N_D^2}\right)\right] = \frac{N_D}{2}\left(2 + \frac{2n_i^2}{N_D^2}\right) = N_D + \frac{n_i^2}{N_D}$$

因为 $n_0 = p_0 + N_D$，所以 $p_0 = \frac{n_i^2}{N_D}$，此时的 p_0 比 n_0 小很多，更靠近强电离区。

② 当 $N_D \ll n_i$ 时，则有

$$n_0 = \frac{N_D}{2}\left[1 + \left(1 + \frac{4n_i^2}{N_D^2}\right)^{1/2}\right], \quad \frac{4n_i^2}{N_D^2} \text{ 很大，因此 "1" 可省略,}$$

$$n_0 = \frac{N_D}{2}\left[1 + \frac{2n_i}{N_D}\right] = \frac{N_D}{2} + n_i$$

$p_0 = -\frac{N_D}{2} + n_i$ ，此时的 $n_0 \approx p_0$ ，更接近本征情况。

（5）高温本征激发区

基本特征：① $n_0 \approx p_0$ ；② $n_0, p_0 \gg N_D$ ；③ E_F 接近禁带中线。

第 12 课时

知识点

知识点 27~30 综合分析巩固。

预留问题

若锗中杂质电离能 ΔE_D=0.01eV，施主杂质浓度分别为 N_D=10^{14}cm^{-3} 及 10^{17}cm^{-3}，计算 99%电离、90%电离、50%电离时的温度各为多少？

课程思政点

尽信书不如无书，触类旁通、学以致用，提高学生综合分析、归纳总结能力。

（6）费米能级与杂质浓度、温度间的变化关系（ $n_0 = n_D^+ = xN_D$ ）。

① 电离分数与温度变化关系。

前三区： N_D 一定，由 $n_0 = xN_D$ 可知， T 升高， n_0 增大，所以 x 增大，温度越高电离的比例也就越高；

后两区： T 升高， x =100%。

② 电离分数与杂质浓度变化关系为

$$n_0 = n_D^+ = xN_D \qquad \Rightarrow \begin{cases} n_0 = xN_D & \Rightarrow E_F = E_c + k_0T\ln\left(\dfrac{xN_D}{N_c}\right) \\ n_D^+ = xN_D & \Rightarrow E_F = E_D + k_0T\ln\dfrac{1}{2}\left(\dfrac{1}{x}-1\right) \end{cases}$$

两式消掉 E_F 可得

$$\frac{\Delta E_D}{k_0T} = \ln\left(\frac{1-x}{2x^2}\frac{N_c}{N_D}\right) \tag{5-36}$$

仅讨论前三区： T 一定， N_D 增大， $\dfrac{1-x}{2x^2}$ 增大，所以 x 减小。

由此可知，当温度一定时，杂质浓度增加，电离的比例反而降低。

③ 费米能级随温度 T 变化关系。

根据之前对 5 个区的分析，我们可以得到费米能级随温度升高的变化曲线，如图 5-8 所示。可以看到，随着温度升高，费米能级基本上逐步降低并靠近本征费米能级。

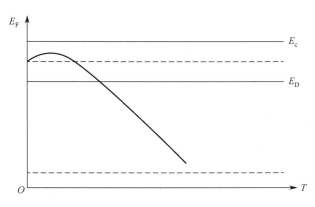

图 5-8　费米能级随温度升高的变化曲线

问：费米能级随温度升高一直下降，它能低于本征费米能级吗？

答：$n_0 = N_c \exp\left(-\dfrac{E_c - E_F}{k_0 T}\right)$，　$n_i = N_c \exp\left(-\dfrac{E_c - E_i}{k_0 T}\right)$

$\Rightarrow E_F - E_i = k_0 T \ln\left(\dfrac{n_0}{n_i}\right)$，因为 n 型半导体，$\dfrac{n_0}{n_i} > 1$，所以 $E_F - E_i > 0$。

④ 费米能级随杂质浓度 N_D 变化关系。

$E_F = E_D + k_0 T \ln \dfrac{1}{2}\left(\dfrac{1}{x} - 1\right)$，该公式并不代表 E_F 在 E_D 之上，$x = \dfrac{1}{3}$ 是分界线。第二项为正，E_F 在 E_D 之上；反之在其之下。

T 一定，N_D 增大，之前知道 x 减小，所以 E_F 增大。可以在图 5-8 中表示出来。

⑤ 载流子浓度 n_0 随温度 T 变化关系。

低温弱电离区：$n_0 = \left(\dfrac{N_c N_D}{2}\right)^{1/2} \exp\left(-\dfrac{\Delta E_D}{2 k_0 T}\right)$，$T$ 升高，n_0 增大；

中间电离区：$n_0 = \dfrac{N_D}{3}$（仅是一个点）

（注：$n_0 = N_c \exp\left(-\dfrac{E_c - E_F}{k_0 T}\right) = N_c \exp\left(-\dfrac{\Delta E_D}{k_0 T}\right)$）；

强电离区：$n_0 = N_D$。

前三区也可以将 $E_F = E_D + k_0 T \ln \dfrac{1}{2}\left(\dfrac{1}{x} - 1\right)$ 代入得

$$n_0 = N_c \exp\left(-\frac{\Delta E_D}{k_0 T}\right) \frac{1}{2}\left(\frac{1}{x} - 1\right)$$

其中，$x < 1$。

过渡区：$n_0 = \dfrac{N_D + \sqrt{N_D^2 + 4n_i^2}}{2}$，$T$ 升高，n_i^2 增大，n_0 增大。

本征区：$n_0 = (N_c N_v)^{1/2} \exp\left(-\dfrac{E_g}{2k_0 T}\right)$ 或 $n_0 = \dfrac{N_D}{2} + n_i$。

⑥ 载流子浓度 n_0 随杂质浓度 N_D 变化关系。

除本征区随 N_D 增大变化不太明显外，其余各区均随其明显增大，如图 5-9 所示。

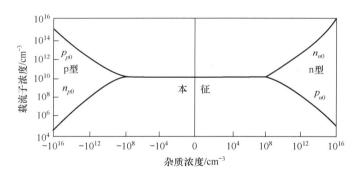

图 5-9　硅中载流子浓度与杂质浓度的关系

4. p 型半导体载流子浓度与少子浓度

（1）p 型半导体载流子浓度

电中性条件为 $p_0 = n_0 + p_A^-$

$$p_A^- = \frac{N_A}{1 + 2\exp\left(-\dfrac{E_F - E_A}{k_0 T}\right)} \tag{5-37}$$

（2）少子浓度：$n_0 p_0 = n_i^2 \quad \Rightarrow \quad p_0 = \dfrac{n_i^2}{n_0}$ 便于识别应写为

$$p_{n0} = \frac{n_i^2}{n_{n0}} \tag{5-38}$$

当处在强电离区（饱和区）：$n_{n0} = N_D$，$p_{n0} = \dfrac{n_i^2}{N_D}$，$p_{n0} \propto T^3$ 受温度影响很大。

本章综合案例

费米能级 E_F 随温度 T 变化经历的 5 个特征区各自温度范围分布估算。

参考文献

[1] [美] 博莱克莫尔著. 黄启圣，陈仲甘译. 半导体统计学[M]. 上海：上海科学技术出版社，1965.

[2] 黄昆，谢希德. 半导体物理学[M]. 北京：科学出版社，1958.

[3] Shockly W. Electrons and Holes in Semiconductors[M]. New York: Van Nostrand，1950.

第6章　半导体的导电性

第 13 课时

知识点

知识点 31：载流子的漂移运动和迁移率。

知识点 32：载流子的散射。

预留问题

1. 电子和空穴的迁移率有何不同？

2. 半导体中主要的散射机构有哪些？硅、锗中主要的散射机构是哪几种？

课程思政点

自然辩证法：现象和本质的对立统一（散射的本质）。

在学习了单个电子的运动（第 3 章）和大量电子的统计分布（第 5 章）后，下面开始学习大量电子的运动规律，而大量电子的有序运动必然会形成电流，形成电流需要具备的两个条件是：① 可移动的带电粒子；② 电势差（电场）。

6.1　载流子的漂移运动和迁移率

1. 欧姆定律（金属导体）

$$I = \frac{U}{R}$$

$$R = \rho \frac{l}{s}$$

以上各参数都是宏观量，无法反映导体内部各处电流分布，尤其是对于半导体而言，内部电流分布不均匀无法体现。

因此，引入参量

$$J = \frac{\Delta I}{\Delta S} \qquad dR = \rho \frac{d l}{d s}$$

欧姆定律微分形式为

$$J = \frac{dI}{dS} = \frac{dU}{dRdS} = \frac{dU}{\rho dl} = \sigma |E| \tag{6-1}$$

因此，通过导体中某点的电流密度等于该点电导率乘以该点处的场强。

2. 漂移速度和迁移率（运动）

漂移运动：电子在电场力作用下的定向运动。我们用 $\overline{v}_d$ 表示电子平均漂移速度，下面来推导出漂移速度与电流之间的关系，如图 6-1 所示。I 是单位时间内通过导体某一横截面的电荷量，可以得到

$$dI = n(-q)dV = n(-q)(\overline{v}_d \times 1)dS = -nq\overline{v}_d dS$$

$$\Rightarrow J = \frac{dI}{dS} = -nq\overline{v}_d \tag{6-2}$$

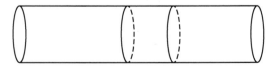

图 6-1　欧姆定律微分形式示意图

式（6-2）体现出电与运动之间的关系。

又因为 $J = \sigma |E|$，所以，$-nq\overline{v}_d = \sigma |E|$，定义

$$\mu = \left| \frac{\overline{v}_d}{E} \right| \tag{6-3}$$

可以看出，迁移率是表征单位场强下电子运动快慢的物理量，可推得 $\mu = \dfrac{\sigma}{nq}$，习惯

写成

$$\sigma = nq\mu \qquad (6\text{-}4)$$

该公式体现出电学参数与运动参数之间的关系。

3. 半导体中的迁移率和电导率

在研究半导体中的迁移率时要注意以下两点。

（1） E 不大的情况下（$<10^3$V/cm），$J = \sigma|E|$。

（2）两种载流子：电子和空穴。

电子和空穴的平均漂移速度不同，主要体现在以下两个方面。

（1）电子脱离共价键，近似无束缚的自由电子，处于导带中。

（2）空穴是从一个价键到另一个价键，受到原子实的束缚，处于价带中。

因此，由 $\mu = \left|\dfrac{\overline{v}_{\mathrm{d}}}{E}\right|$ 可知，电子的迁移率大于空穴的迁移率。

半导体中总的电流密度等于电子和空穴的电流密度之和。

$$J = J_{\mathrm{n}} + J_{\mathrm{p}} = (nq\mu_{\mathrm{n}} + pq\mu_{\mathrm{p}})|E| \qquad (6\text{-}5)$$

所以半导体的电导率为

$$\sigma = nq\mu_{\mathrm{n}} + pq\mu_{\mathrm{p}} \qquad (6\text{-}6)$$

具体到 n 型半导体，则有 $\qquad \sigma = nq\mu_{\mathrm{n}}$

p 型半导体 $\qquad\qquad\qquad \sigma = pq\mu_{\mathrm{p}}$

本征半导体 $\qquad\qquad\qquad \sigma = n_{\mathrm{i}}q(\mu_{\mathrm{n}} + \mu_{\mathrm{p}})$

6.2 载流子的散射

1. 载流子的热运动和电场运动

电子在电场作用下定向运动形成电流。

对于电子而言，受到恒力 $-q|E|$，似乎应为匀加速运动，即 $\overline{v}_{\mathrm{d}}$ 不断增大，J 无限增大；而实际上，$\overline{v}_{\mathrm{d}} = \mu|E|$，$E$ 不变，$\overline{v}_{\mathrm{d}}$ 不变。

原因如下：

（1）无电场时，电子应做无规则的热运动，各方向运动概率均等，无电流产生，称为准自由电子（载流子）；而实际上，晶体内有本体原子和杂质原子，运动过程中发生碰撞，因此自由仅在两次碰撞之间存在，称为平均自由程；而且，在碰撞作用下，某些电子各方向的运动概率也不同，如边界处、表面、界面处等。

（2）加外电场，载流子发生定向运动，同时仍不断地发生碰撞（散射）。一方面，在定向前进的同时附加着有各个碰撞后的方向，但沿着外场力定向运动的概率更大；另一方面，加速仅在两次碰撞之间产生，速度随着一次碰撞就损失而无法积累，因此整体而言是恒速曲折前进的。

2. 半导体主要散射机构

散射实质：局部处的周期性势场的破坏，附加势场 ΔU 使得 k 变为 k'，由于 k 发生了变化，导致载流子的整个运动方式都发生了改变（k 决定了电子的运动状态）。因此，散射不单指碰撞或者是力的作用，只要是会产生附加势场（扰动）导致 k 发生变化的都可称为散射[1]。

（1）电离杂质散射。

施主杂质电离后成为正电离子，形成正电作用的库仑势场，对自由电子产生吸引作用，对自由空穴产生排斥作用；受主杂质电离后成为负电离子，形成负电作用的库仑势场，起着与电离施主杂质相反的作用，如图 6-2 所示。

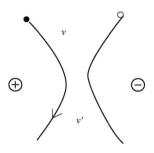

图 6-2　电离杂质散射

单位时间内，一个载流子受到的散射次数称为散射概率，散射概率的大小反映出一个散射机构的强弱情况。电离杂质散射的散射概率为

$$P \propto NT^{-\frac{3}{2}} \tag{6-7}$$

环境温度越高，载流子的运动速度越快，越不容易被电离杂质散射。

（2）晶格振动散射。

原子振动由若干不同的基本波动按波的叠加原理组合而成。

① 格波

最基本的波动方式称为格波，原子的格波波矢用 $\boldsymbol{q}$ 表示，$|\boldsymbol{q}| = \dfrac{1}{\lambda}$，具有同样 $\boldsymbol{q}$ 的格波不止一个，对于只含一个原子的原胞，每个 $\boldsymbol{q}$ 都具有 3 个格波。

对于硅、锗、Ⅲ-Ⅴ族半导体来说，1 个原胞都包含 2 个原子，因此是 6 个格波；2N 个原子就是 6N 个格波，分成 6 支格波。

a. 格波的分类。

按照频率和振动方式来分：频率较低的 3 支称为声学波，频率较高的 3 支称为光学波。取名源于其在长波极限的性质，即 $\boldsymbol{q}$ 趋于 0，即 λ 很大时的性质（短波仅在极低温度下起作用，而高温时的热振动主要是长波在起作用）。声学波的特点是频率正比于波数，如同连续介质的弹性波，类似声波；而光学波主要存在于离子晶体中，与离子键有关系，长光学波可与电磁波共振吸收，处在红外光区，频率为常数，与波数无关。

按原子振动角度来区分：（长）声学波——原胞质心的振动，两个原子同方向振动；（长）光学波——两个原子相对振动。无论是声学波还是光学波都是一个纵波，两个横波，如图 6-3 所示。

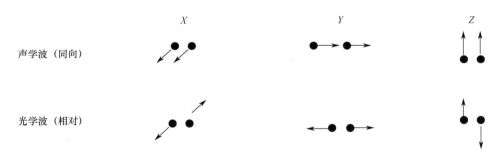

图 6-3　格波的横波和纵波形式

b. 格波的量子化。

频率为 ν_a 的一个格波：$\dfrac{1}{2}h\nu_a$，…，$\left(n + \dfrac{1}{2}\right)h\nu_a$

格波的变化是一份一份的，看成 $n \cdot h\nu_a$。其中，将一个 $h\nu_a$ 看作一个粒子，称为声子。对应声学波和光学波存在有声学波声子和光学波声子。温度为 T，频率为 ν_a 的一系列格波的平均能量为（玻耳兹曼统计规律）

$$\overline{E}_{\nu_a} = \frac{1}{2}h\nu_a + \left[\cfrac{1}{\exp\left(\cfrac{h\nu_a}{k_0 T}\right) - 1}\right]h\nu_a \qquad (6\text{-}8)$$

其中，方括号中的项称为平均声子数，写作 $\overline{n}_q$。

晶体中原子振动的平均能量为

$$\overline{E}_{\nu_{a1}} + \overline{E}_{\nu_{a2}} + \cdots + \overline{E}_{\nu_{an}}$$

② 声学波、光学波散射概率。

a. 声学波散射

$$P_s = \frac{16\pi\varepsilon_c^2 k_0 T (m_n^*)^2}{\rho h^4 u^2}v$$

$$P_s \propto T^{3/2} \qquad (6\text{-}9)$$

b. 光学波散射

主要存在于离子性晶体（Ⅳ-Ⅵ族半导体）、共价键晶体（含离子成分，Ⅲ-Ⅴ族）和原子晶体（硅、锗温度不太低时）。

$$P_0 \propto \cfrac{1}{\exp\left(\cfrac{h\nu_1}{k_0 T}\right) - 1}$$

（3）其他因素引起的散射

其他因素引起的散射包括：① 等同能谷间散射；② 中性杂质散射；③ 位错散射；④ 合金散射；⑤ 载流子散射。其他因素引起的散射在硅、锗、砷化镓晶体中不是主要散射机构，此处不再赘述。

第 14 课时

知识点

知识点 33：迁移率与杂质、温度、浓度的关系。

知识点 34：电阻率与杂质浓度、温度的关系。

预留问题

1. 如何解释迁移率随温度变化的趋势？或迁移率随温度如何变化？

2. 本征半导体的电阻率是如何随温度变化的？

3. n 型半导体的电阻率是如何随温度变化的？

4. 在 n 型半导体轻掺杂时，电阻率是如何随杂质浓度变化的？

课程思政点

1. 《论语·述而》：举一隅不以三反则不复也。避免思维僵化、教条主义，应独立思考，创新思维（不同杂质浓度下迁移率随温度的变化图线）。

6.3　迁移率与杂质浓度、温度的关系

1. 平均自由时间和散射概率的关系

平均自由时间是各个载流子的自由时间取平均。载流子的速度各不相同，存在一个统计分布，此处在研究时为了简化暂时忽略。

以电子为例，设 N 个电子以速度 v 运动，$N(t)$ 是 t 时刻未被散射的电子数，那么 $t\sim t+\Delta t$ 时间内被散射电子数为

$$N(t)\cdot P\cdot\Delta t \tag{6-10}$$

$N(t+\Delta t)$ 表示 $t+\Delta t$ 时刻未被散射的电子数

$$N(t)-N(t+\Delta t)= N(t)\cdot P\cdot\Delta t$$

当 $\Delta t \rightarrow 0$，根据极限定义得到

$$\lim_{\Delta t \to 0} \frac{N(t) - N(t + \Delta t)}{\Delta t} = N(t) \cdot P$$

由导数的定义得到

$$-\frac{\mathrm{d}N(t)}{\mathrm{d}t} = N(t) \cdot P$$

$$\therefore \quad -\frac{\mathrm{d}N(t)}{N(t)} = P\mathrm{d}t$$

对公式两边进行积分

$$-\int_{N_0}^{N(t)} \frac{\mathrm{d}N(t)}{N(t)} = -P\int_0^t \mathrm{d}t$$

$$\therefore \quad \ln \frac{N(t)}{N_0} = -Pt$$

得到 t 时刻未被散射电子数与散射概率的关系为

$$N(t) = N_0 \mathrm{e}^{-pt} \tag{6-11}$$

$t \sim t + \mathrm{d}t$ 时间段为被散射电子数为

$$N_0 \mathrm{e}^{-pt} \cdot P \cdot \mathrm{d}t \tag{6-12}$$

这些电子的自由时间是 t，如图 6-4 所示。

图 6-4　被散射电子的自由时间

因此，总自由时间为

$$t \cdot (N_0 \mathrm{e}^{-pt} \cdot P \cdot \mathrm{d}t) \tag{6-13}$$

取平均，平均自由时间为

$$\tau = \frac{1}{N_0} \int_0^\infty N_0 P \mathrm{e}^{-pt} t \mathrm{d}t = P\int_0^\infty \mathrm{e}^{-pt} t \mathrm{d}t = P\int_0^\infty t \mathrm{d}(\mathrm{e}^{-pt})\left(-\frac{1}{P}\right)$$

$$= -[(t\mathrm{e}^{-pt})_0^\infty - \int_0^\infty \mathrm{e}^{-pt}\mathrm{d}t] = \int_0^\infty \mathrm{e}^{-pt}\mathrm{d}t = \frac{1}{P}$$

2. 迁移率、电导率与平均自由时间的关系

之前我们已经得到 $\mu = \left| \dfrac{\overline{v}_{\mathrm{d}}}{E} \right|$ 和 $\sigma = nq\mu_{\mathrm{n}} + pq\mu_{\mathrm{p}}$。在各向同性、单极值的情况下，若要求得迁移率与平均自由时间的关系，则需要先求出 $\overline{v}_{\mathrm{d}}$。

对于 x 方向加外场，单电子情况下：当 $t = 0$ 时，电子被散射，散射后 x 方向分速度为 v_{x0}；当 $t = t$ 时，电子又被散射，此期间电子做匀加速运动，第二次散射前单个电子速度为

$$v_x = v_{x0} - \frac{q|E|}{m_{\mathrm{n}}^*} t$$

N_0 个电子在碰撞后 x 方向的平均速度为

$$\overline{v}_x = \overline{v}_{x0} + \overline{v'} \tag{6-14}$$

式中，$\overline{v'}$ 为平均获得速度。

由于电子数目众多，碰撞后各方向的概率相等，即 $\overline{v}_{x0} = 0$，所以 $\overline{v}_x = \overline{v'}$，下面来求 $\overline{v'}$。

$t \sim t+\mathrm{d}t$ 时间段内被散射的电子数为

$$N_0 \mathrm{e}^{-pt} \cdot P \cdot \mathrm{d}t \tag{6-15}$$

每个电子获得的速度为

$$-\frac{q|E|}{m_{\mathrm{n}}^*} t$$

平均漂移速度为

$$\overline{v}_x = \overline{v'} = \frac{\displaystyle\int_0^\infty -\frac{q|E|}{m_{\mathrm{n}}^*} t \; N_0 P \mathrm{e}^{-pt} \mathrm{d}t}{N_0} = -\frac{q|E|}{m_{\mathrm{n}}^*} \frac{1}{P} = -\frac{q|E|}{m_{\mathrm{n}}^*} \tau_{\mathrm{n}}$$

迁移率为

$$\mu = \left| \frac{\overline{v}_{\mathrm{d}}}{E} \right| = \frac{q\tau_{\mathrm{n}}}{m_{\mathrm{n}}^*} \tag{6-16}$$

n 型半导体的电导率为

$$\sigma_{\mathrm{n}} = nq\mu_{\mathrm{n}} = \frac{nq^2\tau_{\mathrm{n}}}{m_{\mathrm{n}}^*} \tag{6-17}$$

3. 迁移率与杂质浓度、温度的关系

$$\mu = \left| \frac{\bar{v}_d}{E} \right| = \frac{q\tau_n}{m_n^*} \qquad (6\text{-}18)$$

$$\tau = \frac{1}{P} \qquad \mu \sim \tau \begin{cases} \tau_i \propto N_i^{-1} T^{3/2} \\ \tau_s \propto T^{-3/2} \\ \tau_o \propto \exp\left(\dfrac{h\nu_t}{k_0 T} \right) \end{cases}$$

多种散射机构：　$P = P_1 + P_2 + \cdots$

$$\frac{1}{\tau} = \frac{1}{\tau_1} + \frac{1}{\tau_2} + \cdots, \quad \frac{1}{\mu} = \frac{1}{\mu_1} + \frac{1}{\mu_2} + \cdots$$

定性分析：

硅、锗主要依靠电离杂质散射和声学波散射。

声学波散射

$$\mu_s = \frac{q\tau}{m^*} = \frac{q}{m^*} \frac{1}{AT^{3/2}} \qquad (6\text{-}19)$$

电离杂质

$$\mu_i = \frac{q\tau}{m^*} = \frac{q}{m^*} \frac{T^{3/2}}{BN_i} \qquad (6\text{-}20)$$

式中，A、B 都是大于 0 的常数。

$$\mu = \frac{1}{\mu_s} + \frac{1}{\mu_i} = \frac{q}{m^*} \frac{1}{AT^{3/2} + BN_i / T^{3/2}} \qquad (6\text{-}21)$$

图 6-5 给出硅中电子迁移率与杂质浓度、温度的关系。

（1）同一温度 T，N_i 增大，μ_n 减小。

（2）对于同一杂质浓度，当 $N_i = 10^{13} \sim 10^{18}$ 时，T 升高，μ_n 减小；当 $N_i = 10^{19}$ 时，T 升高，μ_n 先增大后减小。

$$\mu = \frac{q}{m^*} \frac{1}{AT^{3/2} + BN_i / T^{3/2}}$$

故 $AT^{3/2} + BN_i / T^{3/2}$ 有最值。

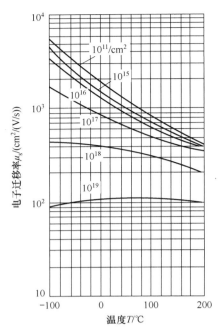

图 6-5　硅中电子迁移率与杂质浓度、温度的关系

一阶导数为

$$\frac{3}{2}AT^{1/2} - \frac{3}{2}BN_i T^{-5/2} = 0$$

故 $T^3 = \dfrac{BN_i}{A}$ 时有最值，且与 N_i 有关。

二阶导数为

$$\frac{3}{4}AT^{-1/2} + \frac{15}{4}BN_i / T^{-7/2} > 0$$

故有最小值。因此，μ 有最大值。

当为纯半导体时，N_i 趋近于 0，无电离杂质散射，无最值；或者说 T^3 趋近于 0，此时 μ 趋近于 ∞。

图 6-5 中可以看出，不仅横坐标温度 T 的最大值随着 N_i 上升而左移，而且整体曲线趋缓。

此外，从图 6-6 中应注意到，当 N_D 由 10^{17} 上升到 10^{18} 时，μ_n 下降 2～3 倍，表明 N_i 上升比 μ_n 下降明显。当 N_D 由 10^{18} 上升到 10^{19} 时，μ_n 下降 4～5 倍，表明 N_i 上升比 μ_n 下降明显的趋势减弱。

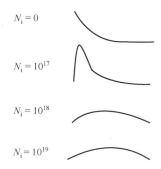

图 6-6　硅中电子迁移率与杂质浓度、温度的模拟曲线

6.4　电阻率与杂质浓度、温度的关系

1. 四探针法测电阻

导体的电阻率小于 $10^{-5}\Omega\cdot cm$；半导体的电阻率为 $10^{-4}\sim10^{8}\Omega\cdot cm$；绝缘体的电阻率大于 $10^{8}\Omega\cdot cm$。

优点：对样品形状无限制，操作简单，价格便宜。

缺点：对样品大小、厚度有要求（半无穷大，但可通过修正解决），样品表面平整结实。

测量范围为 $10^{-4}\sim10^{5}\Omega$；样品尺寸为直径 5mm～130cm；半无穷大：大于 4 倍探针间距。

点电源产生的辐射状电力线，具有球面对称性，如图 6-7 所示。

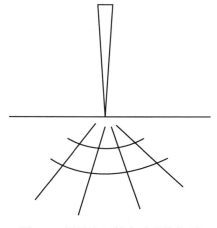

图 6-7　探针注入的半球形等能面

$$J = \frac{I}{2\pi r^2} \tag{6-22}$$

因为

$$J = \sigma E \ , \quad J_{(r)} = \sigma E_{(r)}$$

所以

$$E_{(r)} = \frac{I}{2\pi r^2 \sigma} = \frac{I\rho}{2\pi r^2}$$

又因为

$$E_{(r)} = -\frac{\mathrm{d}V}{\mathrm{d}r}$$

所以

$$\mathrm{d}V = -E_{(r)}\mathrm{d}r$$

取无穷远处电势 $V=0$，从无穷远积到 r 处，则有

$$\because \int_0^{V(r)} \mathrm{d}V = -\int_\infty^r E_{(r)}\mathrm{d}r$$

$$\Rightarrow \quad V(r) = \frac{I\rho}{2\pi r} \tag{6-23}$$

若通电流同时测电压，则① 会产生接触电阻；② 会造成小注入。四探针的 1、4 两个探针通电流，2、3 两个探针测电压，如图 6-8 所示。

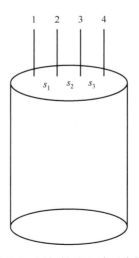

图 6-8　四探针注入法示意图

2 探针处的电位为

$$V_2 = \frac{I\rho}{2\pi}\frac{1}{s_1} - \frac{I\rho}{2\pi}\frac{1}{s_2+s_3}$$

3 探针处的电位为

$$V_3 = \frac{I\rho}{2\pi}\left(\frac{1}{s_1+s_2} - \frac{1}{s_3}\right)$$

令 $s_1 = s_2 = s_3 = s$。

2 探针和 3 探针间的电势差为

$$V_{23} = \frac{I\rho}{2\pi}\frac{1}{s}$$

$$\therefore \rho = \frac{2\pi s V_{23}}{I} \tag{6-24}$$

取 $s=1$mm，令 $I=2\pi$，则 $\rho = V_{23} \times 10^{-3}$，可以直接读出数值。

2. 电阻率与杂质浓度的关系

电阻率为

$$\rho = \frac{1}{nq\mu_n + pq\mu_p} \tag{6-25}$$

其中，迁移率为

$$\mu = \frac{q}{m^*}\frac{1}{AT^{3/2} + BN_i/T^{3/2}}$$

n 型半导体：ρ 仅与 n、μ_n 有关，n 和 μ_n 分别与 N_D、T 有关。

补偿型半导体：ρ 与 n、p、μ_n、μ_p 有关，n、p 与 $|N_D - N_A|$、T 有关；μ_n、μ_p 与 （N_D+N_A）、T 有关。

以 n 型半导体为例，其中，n 与 T 的关系由 5 个区来决定，尽管总体 T 升高导致 n 增大，但具体关系式有较大的差别，因此为简单起见，主要讨论半导体常用室温范围的强电离区。

轻掺杂：$n_0 = N_D$，N_D 增大，n_0 增大，ρ 减小。N_D 即 N_i，N_i 增大，μ 减小，ρ 增大。

由之前图形分析得知，在低浓度范围（$<10^{18}$），当浓度变化 $10^2 \sim 10^4$ 数量级时，μ 的

下降低于 2 倍。因此迁移率随杂质浓度的变化不大，而 n_0 随 N_D 的变化是同数量级的，几乎为线性反比例关系。

总体的变化为：N_D 增大，ρ 减小。

重掺杂：与轻掺杂的分析过程一致。

区别在于：① 杂质在室温下无法被完全电离，$n_0 = xN_D$，因此低于 N_D，n_0 增大，ρ 减小的趋势减弱；② 迁移率随 N_D 的增加其下降较以前明显，浓度为 $10^{18} \sim 10^{19}$ 时，μ_n 下降 5 倍左右，整体仍为斜线下降，但趋势变缓，如图 6-9 所示。

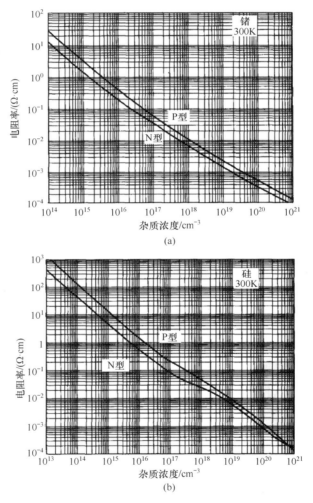

图 6-9　硅、锗、砷化镓在 300K 时电阻率与杂质浓度的关系

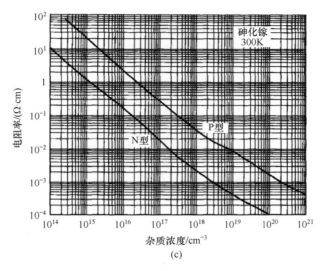

（c）

图 6-9 硅、锗、砷化镓在 300K 时电阻率与杂质浓度的关系（续）

3. 电阻率与温度的关系

（1）纯半导体。

$$\rho = \frac{1}{n_i q(\mu_n + \mu_p)} \qquad (6\text{-}26)$$

纯半导体中仅存在晶格振动散射。

对于公式 $n_i = (N_c N_v)^{1/2} \exp\left(-\frac{E_g}{2k_0 T}\right) \propto T^{3/2} \exp\left(-\frac{E_g}{2k_0 T}\right)$，$T$ 升高，n_i 增大，ρ 减小。

对于公式 $\mu = \frac{q}{m^*} \frac{1}{AT^{3/2}} \propto T^{-3/2}$，$T$ 升高，μ_n 减小，ρ 增大；总体变化为 ρ 减小。

（2）杂质半导体。

以 n 型半导体为例，杂质半导体的电导率与温度的关系主要体现在载流子浓度 n 与迁移率 μ_n 两个因素，如图 6-10 所示。n 与杂质电离或本征激发（谁占主导）有关；μ_n 与晶格振动散射或杂质电离散射（谁占主导）有关。

由图 6-10 可知：AB 段：T 很低。

n 本征激发可忽略，杂质电离占主导，T 升高，n 增大，ρ 减小。

μ_n 散射主要以电离杂质散射为主，T 升高，μ_n 增大，ρ 减小。

BC 段：在室温范围。

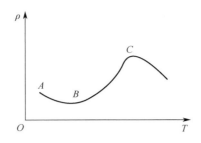

图 6-10　硅电阻率与温度的关系

n 杂质电离主导，杂质全部电离，即 $n_0=N_D$，T 升高，n_0 不变。

μ_n 散射以晶格振动为主，$\mu \propto \dfrac{1}{AT^{3/2}}$，$T$ 升高，μ_n 减小，ρ 增大；总体变化为 ρ 增大。

所以在实际应用的室温范围内，ρ 随着温度 T 上升，这正是由晶格振动散射引起的。

C 段：高温阶段。

n 本征激发为主，$n_i \propto T^{3/2} \exp\left(-\dfrac{E_g}{2k_0 T}\right)$　T 升高，n_i 增大，ρ 减小。

μ_n 晶格振动为主，$\mu \propto T^{-3/2}$　T 升高，μ_n 增大，ρ 减小，总体的变化为 ρ 减小。

对比半导体来看，金属导体、纯绝缘体、非金属电极，随着温度上升，它们的电阻率变化规律如图 6-11 所示。

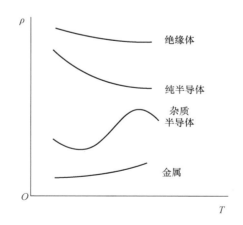

图 6-11　不同物质的电阻率与温度的关系示意图

总体电阻率：绝缘体>半导体>导体，该图是为了方便对比而压缩纵坐标而成。

（1）金属导体：价电子处于半满带，因此全部电离为自由电子，随 T 上升，电子浓度不变；而金属导体中仅有晶格振动散射，随 T 上升，晶格振动加强，迁移率 μ 减小，电阻率增大。所以两者综合，最终电阻率增大。

（2）纯绝缘体：是禁带宽度很宽的半导体，与纯半导体趋势一样，但趋势更缓。

（3）石墨电极：准确地说，石墨是禁带宽度仅为 0.08eV 的半导体，又具有金属导电性，其根源在于其 π 电子的迁移率很高，但电子浓度相比金属并不高。

本章综合案例

半导体迁移率与温度关系的分析。

杂质半导体电阻率与温度关系的分析。

参考文献

[1] 黄昆，谢希德. 半导体物理学[M]. 北京：科学出版社，1958，79-89.

第7章 非平衡载流子

第 15 课时

知识点

知识点 35：非平衡载流子的注入。

知识点 36：非平衡载流子寿命。

知识点 37：直接复合。

知识点 38：恒定光照。

预留问题

1. 本征光激发与本征半导体的光激发有什么区别？对于杂质半导体，本征光激发 $\Delta n = \Delta p$，两者为什么会相等？

2. 根据室温环境电阻率为 $1\Omega \cdot cm$ 的 n 型硅情况，说明什么是小注入？

3. 根据 $\Delta p_{(t)} = (\Delta p)_0 e^{-t/\tau}$，如何理解非平衡少子寿命 τ 的意义？

课程思政点

1. 表象-抽象-具体与类比的科学思维方法——人类寿命模型。

2. 理论与实践相结合，理论联系实际（恒定光照）。

7.1 非平衡载流子的注入与复合

平衡载流子浓度：给定的半导体，温度 T 一定，载流子浓度不变。

热平衡状态判据式（非简并半导体）为

$$n_0 p_0 = n_i^2 \tag{7-1}$$

非平衡状态：施加外界刺激（能量、场），如光照、电场、升温，破坏热平衡条件，这种与热平衡状态相偏离的状态。

之前第 3 章仅研究两个温度点的载流子分布情况，中间过程未予考虑，本章将学习包括温度影响在内的外界因素导致的非平衡状态。

1. 非平衡少子

非平衡载流子（过剩）：比平衡状态时多出的载流子称为非平衡载流子。

n 型：n_0 平衡多子（电子）浓度；n 非平衡状态下的多子（电子）浓度；$\Delta n = n - n_0$ 非平衡多子（电子）浓度。

对于本征光激发（吸收），满足

$$\Delta n = \Delta p \tag{7-2}$$

注意：本征光激发不是指本征半导体的光激发，是价带电子吸收足够能量的光子后跃迁进入导带的过程。

一般情况下，把光照、电场等外加能量导致的载流子浓度的增加称为注入，而一般注入的非平衡载流子浓度比平衡时的多子浓度小很多，称之为小注入。小注入满足

$$\Delta n \ll n_0 \quad \Delta p \ll n_0 \tag{7-3}$$

举例：在室温环境下，电阻率为 $1\,\Omega \cdot cm$ 的 n 型硅中，$n_0 \doteq 5.5 \times 10^{15} / cm^3$（可根据 $\rho = \dfrac{1}{n_0 q \mu_n}$，$\mu_n = 1350\ cm^2/V \cdot s$ 求得），若注入非平衡载流子 $\Delta n = \Delta p = 10^{10}\,cm^{-3}$。

此时，$\Delta n \ll n_0$，$\Delta p \ll n_0$，则为小注入。少子浓度可以求得

$$p_0 = \frac{n_i^2}{n_0} = \frac{(1.5 \times 10^{10})^2}{5.5 \times 10^{15}} = 4 \times 10^4 (cm^{-3})$$

比较 p_0 与 $\Delta n = \Delta p$，可以看出 $\Delta n = \Delta p \gg p_0$。所以，小注入对于多子的影响不大，而对少子的影响非常显著，因此非平衡载流子中更受人关注的是非平衡少子，本文后面如不做特别说明，非平衡载流子是指非平衡少子，对于 n 型半导体就用 Δp 表示。

2. 本征光电导

光注入导致载流子浓度增加，必将导致电导率增大。

平衡时光电导为

$$\sigma_0 = n_0 q \mu_n + p_0 q \mu_p \tag{7-4}$$

非平衡时光电导为

$$\sigma = nq\mu_n + pq\mu_p \tag{7-5}$$

附加（本征）光电导为

$$\Delta \sigma = \sigma - \sigma_0 = (n - n_0)q\mu_n + (p - p_0)q\mu_p = \Delta pq(\mu_n + \mu_p) \tag{7-6}$$

相对光电导为

$$\frac{\Delta \sigma}{\sigma_0} = \frac{\Delta pq(\mu_n + \mu_p)}{n_0 q\mu_n + p_0 q\mu_p} \tag{7-7}$$

式中，n_0 和 p_0 等参数可以随半导体类型进行简化，结果由 Δp、n_0 和 p_0 等决定，因此光敏电阻由高阻材料制成或在低温环境中使用。

直流光电导衰减法可测量 $\Delta \sigma$ 和 Δp，如图 7-1 所示。

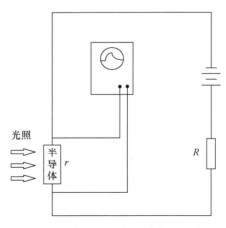

图 7-1　直流光电导衰减法装置示意图

图 7-1 中，R 为固定电阻，r 为光敏半导体电阻，满足 $R \gg r$，电路中的电流为

$$I = \frac{U}{R+r} = \frac{U}{R}$$

电流 I 近似为定值，电路形成稳恒电流，可以避免 r 变化引起电流的变化。

光敏半导体两端电压及变化量分别为

$$U = I \cdot r$$

$$\Delta U = I \cdot \Delta r = I \cdot \Delta \rho \frac{\iota}{s} = I \cdot \frac{\iota}{s}(\rho - \rho_0) = I \cdot \frac{\iota}{s}\left(\frac{1}{\sigma} - \frac{1}{\sigma_0}\right) = I \cdot \frac{\iota}{s}\left(\frac{-\Delta\sigma}{\sigma\sigma_0}\right) = -I \cdot \frac{\iota}{s}\frac{q(\mu_n + \mu_p)}{\sigma_0^2}\Delta p$$

式中，温度 T 一定，除 Δp 外，其他参数均为常数。$\Delta U \propto -\Delta p$，其中负号表示：加上光照后，$\Delta p$ 变大，ΔU 也变大，但是 U 呈下降趋势。撤去光照后，Δp 为零，ΔU 也变为零，以毫秒到微秒量级指数衰减。

7.2 非平衡载流子寿命和复合理论

7.2.1 非平衡载流子寿命

停止光照后，Δp 随时间变化，实验表明 Δp 随指数衰减，这表明非平衡载流子的生存时间不同。非平衡载流子的平均生存时间称为非平衡载流子寿命，用 τ 表示，也称为少子寿命。

$1/\tau$ 表示单个非平衡少子单位时间内的复合（消亡）概率。$\Delta p /\tau$ 表示单位时间内单位体积非平衡少子复合概率，简称复合率。需要注意的是，在实际计算过程中，关注的是净复合率。

某时刻非平衡少子浓度 $\Delta p(t)$ 与 τ 的关系。

设 $t=0$，停止光照，Δp 随 t 的变化而逐渐减小。

单位时间减少量为

$$-\frac{\mathrm{d}(\Delta p)}{\mathrm{d}t} \tag{7-8}$$

Δp 减少是因为复合

$$-\frac{\mathrm{d}(\Delta p_{(t)})}{\mathrm{d}t} = \frac{\Delta p_{(t)}}{\tau} \tag{7-9}$$

$$-\int_{(\Delta p)_0}^{\Delta p_{(t)}} \frac{\mathrm{d}(\Delta p_{(t)})}{\Delta p_{(t)}} = \int_0^t \frac{1}{\tau}\mathrm{d}t$$

$$-\ln\frac{\Delta p_{(t)}}{(\Delta p)_0}=\frac{t}{\tau}$$

$$\Delta p_{(t)}=(\Delta p)_0\,\mathrm{e}^{-t/\tau} \qquad\qquad (7\text{-}10)$$

当 $t=\tau$ 时，则有

$$\Delta p_{(\tau)}=(\Delta p)_0\,/\,\mathrm{e}$$

经历 τ 时间，则有

$$\Delta p_{(t+\tau)}=(\Delta p)_0\,\mathrm{e}^{-\frac{t+\tau}{\tau}}=(\Delta p)_0\,\mathrm{e}^{-\frac{t}{\tau}}\mathrm{e}^{-1}=\Delta p_{(t)}\,/\,\mathrm{e}$$

寿命 τ 标志着非平衡载流子浓度减小到原浓度值 $1/\mathrm{e}$ 所需的时间。测量少子寿命的方法有直流光电导衰减法、光磁电法、扩散长度法等。对于纯半导体材料，$\tau_{\mathrm{GaAs}}<\tau_{\mathrm{Si}}<\tau_{\mathrm{Ge}}$。

7.2.2　复合理论

通过光照、电场可以产生非平衡载流子，撤去光照和电场后恢复之前的状况。热注入引起温度上升，停止加热恢复到原来的温度载流子恢复之前的状况。这一过程中获得能量跃迁的载流子是通过复合来实现的。

复合按复合过程分为直接复合和间接复合；按复合位置分为体内复合和表面复合；按复合放出能量分为放出光子（发光复合或辐射复合）、放出声子（加强晶格振动）和俄歇复合（电子和空穴复合增加其他载流子的动能）。

1. 直接复合

导带中的电子直接落入价带与空穴复合并放出能量，称为直接复合。

复合过程中的概率称为复合率，用 R 表示；跃迁过程中的概率称为产生率，用 G 表示。

产生率 G 和复合率 R 与什么因素有关？

产生率 G：导带中本来就存在一些电子，价带中存在一些空穴，那么产生率就低；但是由于状态数比电子或空穴数大很多，因此可认为导带近乎是空的、价带近乎是满的，产生率与 n、p 无关。产生率仅与温度有关。

复合率 R：复合率与导带中电子浓度和价带中空穴浓度成正比，即

$$R=r\cdot np \qquad\qquad (7\text{-}11)$$

式中，r 为电子–空穴复合系数，与温度有关，T 一定，r 不变。

平衡时满足

产生率=复合率

所以

$$G = R = r \cdot n_0 p_0 = r n_i^2 \tag{7-12}$$

（1）撤去光照情况。

光照刚刚结束，系统仍处于非平衡状态，之后会趋于平衡，即

复合率 > 产生率

此时，净复合率为

$$R - G = r \cdot np - r n_i^2 = r(n_0 + \Delta n)(p_0 + \Delta p) - r n_i^2 = r(n_0 + p_0)\Delta p + r(\Delta p)^2$$

由于净复合率大于 0，因此有非平衡载流子不断复合消失，导致 Δp 减少，进一步也导致净复合率在减小；当 Δp 减少为 0 时，净复合率也为 0，此时，复合率 = 产生率，达到平衡态。

由复合率的定义可知

$$R - G = \frac{\Delta p}{\tau}$$

所以

$$\tau = \frac{\Delta p}{R - G} = \frac{\Delta p}{r(n_0 + p_0)\Delta p + r(\Delta p)^2} = \frac{1}{r(n_0 + p_0 + \Delta p)} \tag{7-13}$$

因此，τ 与 n_0、p_0、Δp 有关。

① 小注入（$\Delta p \ll n_0 + p_0$）。

$$\tau = \frac{1}{r(n_0 + p_0)} \tag{7-14}$$

对于 n 型半导体，则有

$$\tau \doteq \frac{1}{r n_0}$$

② 大注入（$\Delta p \gg n_0 + p_0$）。

$$\tau \doteq \frac{1}{r\Delta p} \tag{7-15}$$

例如：室温，本征硅、锗：

硅：$r = 10^{-11} \mathrm{cm^3/s}$，$\tau = 3.5\mathrm{s}$；锗：$r = 6.5 \times 10^{-14}\ \mathrm{cm^3/s}$，$\tau = 0.3\mathrm{s}$。

① 一定是小注入，因为大注入时 τ 与 Δp 有关，且是变化的；

② 本征情况下，$\tau = \dfrac{1}{2rn_i}$，锗 $n_i = 2.4 \times 10^{13}/\mathrm{cm^3}$；硅 $n_i = 1.5 \times 10^{10}/\mathrm{cm^3}$。

（2）加恒定光照情况。

定态光电导是指在恒定光照下产生的光电导。研究光电导主要是研究光照下半导体附加电导率 $\Delta\sigma$ 的变化规律。

在有恒定光照情况下，产生率为

$$Q = \beta I\alpha^{[1]} \tag{7-16}$$

式中，β 表示量子定额。吸收一个光子产生的电子-空穴对数。一般不超过 1（0 或 1）。当光子能量较大时，光生载流子再激发其他载流子 $\beta \gg 1$。当形成激子时，$\beta < 1$。I 表示光强，即单位时间内通过单位面积的光子数。α 表示样品吸收系数。

当有光照时，则有

$$\text{产生率} > \text{复合率}$$

$$Q = \beta I\alpha, \quad R = rnp$$

净产生率（对应前面讲到的净复合率）为

$$Q+G-R$$

$$=\beta I\alpha + rn_i^2 - r(n_0+\Delta n)(p_0+\Delta p)$$

$$=\beta I\alpha - r(n_0+p_0)\Delta p - r(\Delta p)^2$$

$$=\beta I\alpha - r[(n_0+p_0)+\Delta p]\Delta p$$

$$=\beta I\alpha - \Delta p/\tau$$

式中，准确地讲 Δp 是 $\Delta p(t)$。

对于一定材料，光强等是定值，因此 Δp 越大，产生率越小，产生非平衡载流子浓度就越小，最终净产生率达到 0，此时 Δp 不再增加，即达到定值。

下面探讨一下整个过程非平衡载流子浓度的变化规律。

$$\frac{\mathrm{d}(\Delta p)}{\mathrm{d}t} = \beta I\alpha - \Delta p / \tau \tag{7-17}$$

$$\frac{\mathrm{d}(\Delta p)}{\beta I\alpha - \Delta p / \tau} = \mathrm{d}t$$

$$(-\tau)\int_0^{\Delta p(t)} \frac{\mathrm{d}(-\Delta p / \tau)}{\beta\alpha I - \Delta p / \tau} = \int_0^t \mathrm{d}t$$

$$\ln \frac{\beta\alpha I - \Delta p/\tau}{\beta\alpha I} = -t / \tau$$

$$\Delta p(t) = \beta\alpha I\tau(1 - \mathrm{e}^{-t/\tau}) \tag{7-18}$$

式中，当 $t = 0$ 时，$\Delta p(t) = 0$；当 $t \to \infty$ 时，$\Delta p(t) = \beta\alpha I\tau$。因此

$$\Delta\sigma = (\beta\alpha I\tau)\cdot q\cdot\mu \tag{7-19}$$

这与我们前面讲的去除光照后的过程是一致的，即去除光照后就是去掉前面公式中的 $\beta\alpha I$ 这一项，从而得到

$$\frac{\mathrm{d}(\Delta p)}{\mathrm{d}t} = -\Delta p / \tau$$

注意，积分限：当 $t = 0$ 时，$(\Delta p)_0 = \beta\alpha I\tau$；当 $t = t$ 时，取 $\Delta p(t)$。

积分的结果为

$$\Delta p(t) = \beta\alpha I\tau\, \mathrm{e}^{-t/\tau} \tag{7-20}$$

即前面得到的 $\Delta p(t) = (\Delta p)_0\, \mathrm{e}^{-t/\tau}$

至此我们得到了完整的光照时及撤去光照后非平衡载流子浓度随时间的完整演化曲线，如图 7-2 所示。

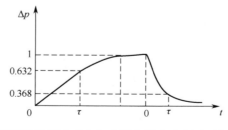

图 7-2　非平衡载流子浓度在加光照和撤去光照随时间的变化关系

2. 间接复合

半导体中杂质的特点是：缺陷越多，非平衡载流子寿命越短。

间接复合是指非平衡载流子通过复合中心的复合。仅讨论具有一种复合中心能级的简单情况。电子和空穴在复合中心上相遇复合。

间接复合分为以下 4 个过程。

甲：俘获电子。复合中心从导带中**俘获电子**。

乙：发射电子。复合中心**发射电子**到导带中。

丙：俘获空穴。复合中心从价带**俘获空穴**（或者复合中心电子落入价带中）。

丁：发射空穴。复合中心向价带**发射空穴**（或者价带电子激发到复合中心）。

热平衡时，则有

$$n_{t0} = N_t f(E_t) = N_t \frac{1}{1 + \frac{1}{2}\exp\left(\dfrac{E_t - E_F}{k_0 T}\right)} \tag{7-21}$$

电子俘获率与导带电子浓度和复合中心上空位置有关：

$$\text{电子俘获率} = r_n n\,(N_t - n_t) \tag{7-22}$$

n 表示非平衡态时导带电子浓度；p 表示非平衡态价带空穴浓度；N_t 表示复合中心浓度；n_t 表示复合中心上电子浓度；$(N_t - n_t)$ 表示未被电子占据的复合中心浓度（复合中心上空穴浓度）。

比例系数 r_n 反映了复合中心俘获电子能力的大小，称为电子俘获系数。

注意，导带基本是空的，电子产生率仅与复合中心上的电子浓度有关，而与导带电子浓度无关。

$$\text{电子产生率} = s\_ n_t \tag{7-23}$$

式中，$s\_$ 是电子激发概率，温度一定时 $s\_$ 为定值。

热平衡时，甲、乙两过程互相抵消，保持复合中心上和导带中电子浓度恒定，所以

$$r_n n_0\,(N_t - n_{t0}) = s\_ n_{t0} \tag{7-24}$$

注意，下脚标 0 表示在热平衡时。

将式（7-24）两边同除以 n_{t0}，可得

$$r_n n_0 \left(\frac{N_t}{n_{t0}} - 1 \right) = s_-$$

$$r_n N_c \exp\left(-\frac{E_c - E_F}{k_0 T} \right) \left(\frac{1}{2} \exp\left(\frac{E_t - E_F}{k_0 T} \right) \right) = s_-$$

$$s_- = \frac{1}{2} r_n N_c \exp\left(-\frac{E_c - E_t}{k_0 T} \right) = \frac{1}{2} r_n n_1$$

从式中可以看出，电子的产生中含有电子俘获系数，这说明俘获和发射这两个对立的过程内部有联系。俘获得越多，意味着有更多电子可以发射；发射得越多，意味着有更多空位可以俘获。其中，$n_1 = N_c \exp\left(-\frac{E_c - E_t}{k_0 T} \right)$ 表示热平衡时费米能级 $E_F = E_t$ 复合中心能级重合时导带电子浓度。

所以

$$\text{电子俘获率} = r_n n \left(N_t - n_t \right)$$

$$\text{电子产生率} = \frac{1}{2} r_n n_1 n_t \tag{7-25}$$

同样，丙、丁过程：

俘获率与价带中空穴浓度和复合中心能级上的电子浓度成正比，即

$$\text{空穴俘获率} = r_p p n_t \tag{7-26}$$

产生率与复合中心上的空穴浓度成正比，而与价带中的电子浓度无关。

$$\text{空穴产生率} = s_+(N_t - n_t) \tag{7-27}$$

平衡时

$$r_p p \, n_t = s_+(N_t - n_t)$$

$$s_+ = \frac{r_p p n_t}{N_t - n_t} = \frac{r_p p}{\dfrac{N_t}{n_t} - 1} = r_p p \frac{1}{\dfrac{1}{2} \exp\left(\dfrac{E_t - E_F}{k_0 T} \right)}$$

$$= 2 r_p N_v \exp\left(\frac{E_v - E_F}{k_0 T} \right) \exp\left(\frac{E_F - E_t}{k_0 T} \right) = 2 r_p N_v \exp\left(\frac{E_v - E_t}{k_0 T} \right)$$

$$= 2 r_p p_1$$

p_1 为热平衡时费米能级 $E_F=E_t$ 复合中心能级重合时价带空穴浓度。

所以

$$空穴俘获率 = r_p p n_t$$

$$空穴产生率 = 2 r_p p_1 (N_t - n_t) \tag{7-28}$$

对于 $E_F=E_t$，若是浅能级杂质，则应该是 $n_0 = \dfrac{N_D}{3}$ 处，但这里讨论的是非平衡且不一定是浅能级杂质的情况，我们只是利用平衡态来求系数，但整体上并不是平衡态）

稳定情况下（不是热平衡，而是非平衡状态下的稳定），复合中心上的电子浓度应是不变的（复合中心与复合和复合率有关），即

甲（俘获电子）＋丁（发射空穴）＝乙（发射电子）＋丙（俘获空穴）

在复合中心上，则有

积累电子 ＝消耗电子

$$r_n n (N_t - n_t) + 2 r_p p_1 (N_t - n_t) = \frac{1}{2} r_n n_1 n_t + r_p p n_t$$

$$n_t = \frac{N_t (r_n n + 2 r_p p_1)}{r_n n + 2 r_p p_1 + \frac{1}{2} r_n n_1 + r_p p} = \frac{N_t (r_n n + 2 r_p p_1)}{r_n \left(n + \frac{1}{2} n_1\right) + r_p (p + 2 p_1)}$$

所以，净复合率 U 为

$$甲-乙（或丙-丁）= r_n n (N_t - n_t) - \frac{1}{2} r_n n_1 n_t = r_n n N_t - r_n \left(n + \frac{1}{2} n_1\right) n_t$$

将 n_t 表达式代入得

$$r_n n N_t - r_n \left(n + \frac{1}{2} n_1\right) \frac{N_t (r_n n + 2 r_p p_1)}{r_n \left(n + \frac{1}{2} n_1\right) + r_p (p + 2 p_1)} = \frac{N_t r_n r_p (np - n_1 p_1)}{r_n \left(n + \frac{1}{2} n_1\right) + r_p (p + 2 p_1)}$$

$$= \frac{N_t r_n r_p (np - n_i^2)}{r_n \left(n + \frac{1}{2} n_1\right) + r_p (p + 2 p_1)}$$

热平衡时，则有

$$np = n_0 p_0 = n_i^2 ,$$

所以 $U = 0$，净复合率为 0。

注入杂质时

$$n = n_0 + \Delta n = n_0 + \Delta p , \quad p = p_0 + \Delta p$$

所以

$$U = \frac{N_t r_n r_p [(n_0 + p_0)\Delta p + (\Delta p)^2]}{r_n \left(n_0 + \Delta p + \dfrac{1}{2} n_1 \right) + r_p (p_0 + \Delta p + 2 p_1)} \tag{7-29}$$

非平衡载流子寿命为

$$\tau = \frac{\Delta p}{U} = \frac{r_n \left(n_0 + \Delta p + \dfrac{1}{2} n_1 \right) + r_p (p_0 + \Delta p + 2 p_1)}{N_t r_n r_p (n_0 + p_0 + \Delta p)} \tag{7-30}$$

对比直接复合来讨论寿命与哪些因素相关。

$$\tau = \frac{1}{r(n_0 + p_0 + \Delta p)} \tag{7-31}$$

小注入为

$$\tau = \frac{1}{r n_0} \text{ 或 } \tau = \frac{1}{r p_0} \tag{7-32}$$

τ 的大小与多子浓度有关。

大注入为

$$\tau = \frac{1}{r \Delta p} \tag{7-33}$$

τ 的大小与非平衡载流子浓度有关，即与注入有关。

对于间接复合，τ 与 N_t、n_0、p_0、n_1、p_1、Δp 6 个参量有关。

讨论：

（1）非平衡载流子寿命与 N_t 成反比。式中可以看出当 N_t 增大时，非平衡载流子寿命要缩短。

（2）大注入情况，公式可简化为

$$\tau = \frac{(r_{\mathrm{n}} + r_{\mathrm{p}})\Delta p}{N_{\mathrm{t}} r_{\mathrm{n}} r_{\mathrm{p}} \Delta p} = \frac{(r_{\mathrm{n}} + r_{\mathrm{p}})}{r_{\mathrm{n}} r_{\mathrm{p}}} N_{\mathrm{t}} \qquad (7\text{-}34)$$

式中，$\dfrac{(r_{\mathrm{n}} + r_{\mathrm{p}})}{r_{\mathrm{n}} r_{\mathrm{p}}}$ 称为折合俘获系数。

当 T 一定时，N_{t} 一定，τ 为定值（但一般半导体会包含直接复合和间接复合两种形式，因此总体而言，大注入还是会缩短 τ 的寿命）。

3. 小注入（以 n 型半导为例）

比较 n_0、n_1、p_0、p_1 的大小关系：

$$n_0 = N_{\mathrm{c}} \exp\left(-\frac{E_{\mathrm{c}} - E_{\mathrm{F}}}{k_0 T}\right)$$

$$n_1 = N_{\mathrm{c}} \exp\left(-\frac{E_{\mathrm{c}} - E_{\mathrm{t}}}{k_0 T}\right)$$

$$p_0 = N_{\mathrm{v}} \exp\left(\frac{E_{\mathrm{v}} - E_{\mathrm{F}}}{k_0 T}\right)$$

$$p_1 = N_{\mathrm{v}} \exp\left(\frac{E_{\mathrm{v}} - E_{\mathrm{t}}}{k_0 T}\right)$$

e 指数中部分的绝对值越小，浓度值就越大，也就是看哪两个能量位置靠得比较近，如图 7-3 所示。

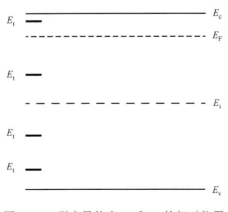

图 7-3　n 型半导体中 E_{F} 和 E_{t} 的相对位置

（1）$E_t > E_i$

a. $E_F > E_t$

$\left| E_c - E_F \right|$ 最小，n_0 最大

$$\tau = \frac{1}{N_t r_p} \tag{7-35}$$

b. $E_F < E_t$　（$E_i < E_F < E_t$）

$\left| E_c - E_t \right|$ 最小，n_1 最大。

$$\tau = \frac{n_1}{2 N_t r_p (n_0 + p_0)} \tag{7-36}$$

（2）$E_t < E_i$

a. $E_F > E_t'$

$\left| E_c - E_F \right|$ 最小，n_0 最大。

$$\tau = \frac{1}{N_t r_p} \qquad 强\,n\,型区 \tag{7-37}$$

b. $E_F < E_t'$

$\left| E_t - E_v \right|$ 最小，p_1 最大。

$$\tau = \frac{2 p_1}{N_t r_n (n_0 + p_0)} \tag{7-38}$$

若处于强电离区，则

$$\tau = \frac{2 p_1}{N_t r_n n_0} \qquad 高阻区 \tag{7-39}$$

高阻区：τ 与多子 n_0 成反比，即与电导率成反比，与电阻率成正比。

复合中心满足什么条件效率最高？

$$U = \frac{N_t r_n r_p (np - n_i^2)}{r_n (n + n_1) + r_p (p + p_1)}$$

一般情况下，若 $r_n = r_p = r$，则有

$$U = \frac{N_t r(np - n_i^2)}{n + n_1 + p + p_1} \tag{7-40}$$

根据

$$\begin{cases} n_1 = N_c \exp\left(-\dfrac{E_c - E_t}{k_0 T}\right) \\ n_i = N_c \exp\left(-\dfrac{E_c - E_i}{k_0 T}\right) \end{cases}$$

可得

$$n_1 = n_i \exp\left(\frac{E_t - E_i}{k_0 T}\right) \tag{7-41}$$

同样可得

$$p_1 = n_i \exp\left(\frac{E_i - E_t}{k_0 T}\right) \tag{7-42}$$

所以

$$U = \frac{N_t r(np - n_i^2)}{n + p + 2n_i \text{ch}\left(\dfrac{E_t - E_i}{k_0 T}\right)} \tag{7-43}$$

讨论：① N_t 增大，U 增大，τ 减小；

② 当 E_t 越接近 E_i 时，$2n_i \text{ch}\left(\dfrac{E_t - E_i}{k_0 T}\right)$ 减小，U 增大，τ 减小；当 $E_t = E_i$ 时，U 有最大值，此时 τ 最小，

③ $np - n_i^2$ 偏离越大，非平衡态越严重，U 越大，τ 越小（$n+p$ 与 np 相比可忽略）。

第 16 课时

知识点

知识点 39：载流子的扩散运动。

知识点 40：载流子的漂移运动。

预留问题

1. 扩散运动在半导体内是如何发生的？

2. 爱因斯坦设计的平衡模型是如何建立的？

课程思政点

1. 有限、无限的相对性原理。

2. 唯物辩证法反对空想主义、理想主义。

7.3　载流子的扩散运动

扩散是一种规则运动，即有方向性，是由无规则运动引起的。其中，布朗运动就是一种无规则运动，但总体表现出由浓度高到浓度低的方向性。

均匀掺杂半导体（n 型），各处电离施主显示正电，电子云显示负电，各区域是电中性的。对于光照材料的一面，有 $E = h\nu \geq E_{\mathrm{g}}$，被照射面的薄层内产生非平衡载流子，而内部几乎不受影响，这种差异引起了载流子的扩散，而且随着半导体厚度的增加，非平衡载流子浓度逐步降低。

沿扩散方向建立 x 轴，如图 7-4 所示，随 x 轴浓度发生梯度变化，即 $\dfrac{\mathrm{d}(\Delta p)}{\mathrm{d}x}$。

为了表征扩散流量的大小，引入扩散流密度概念。扩散流密度是单位时间内通过单位面积的粒子数。扩散流密度与浓度梯度成正比，即

$$S_{\mathrm{p}} = -D_{\mathrm{p}} \frac{\mathrm{d}(\Delta p)}{\mathrm{d}x} \tag{7-44}$$

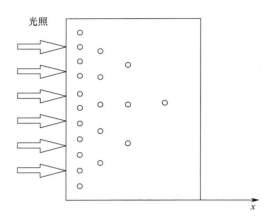

图 7-4 光照时非平衡载流子的扩散运动

式（7-44）为扩散定律，"−"表示由高到低。

三维情况：

$$S_p = -D_p \nabla (\Delta p(\boldsymbol{r})) \qquad (7\text{-}45)$$

式中，D_p 为空穴（少子）扩散系数。

扩散电流密度为

$$(J_p)_{\text{扩}} = -qD_p \nabla (\Delta p) \qquad (7\text{-}46)$$

$$(J_n)_{\text{扩}} = qD_n \nabla (\Delta n) \qquad (7\text{-}47)$$

若光照持续，则表面产生的 Δp 保持不变，内部各处的浓度也趋于稳定，称为稳态扩散。

如同流水，半导体内部各处存在复合，消耗过剩载流子，因此流密度 S_p 也随 x 减小，可表示为

$$-\frac{\mathrm{d}S_p(x)}{\mathrm{d}x} = D_p \frac{\mathrm{d}^2(\Delta p)}{\mathrm{d}x^2} \qquad (7\text{-}48)$$

"−"表示流密度减少。这种减少是由于复合，所以

$$D_p \frac{\mathrm{d}^2(\Delta p)}{\mathrm{d}x^2} = \frac{\Delta p}{\tau}, \quad \Delta p''(x) - \frac{\Delta p(x)}{D_p \tau} = 0$$

令 $L_p = \sqrt{D_p \tau}$，可得

$$\Delta p''(x) - \frac{\Delta p(x)}{L_p^2} = 0$$

$$\Delta p(x) = A\mathrm{e}^{-\frac{x}{L_{\mathrm p}}} + B\mathrm{e}^{\frac{x}{L_{\mathrm p}}}$$

（1）样品足够厚（Δp 未到另一端已完全消失）。

$$x \to \infty \quad \Delta p = 0 \ \Rightarrow \ B = 0$$

$$\therefore \ \Delta p(x) = A\mathrm{e}^{-\frac{x}{L_{\mathrm p}}}$$

$$x = 0，\quad \Delta p(x) = (\Delta p)_0 \qquad \therefore A = (\Delta p)_0$$

$$\therefore \Delta p(x) = (\Delta p)_0\, \mathrm{e}^{-\frac{x}{L_{\mathrm p}}} \tag{7-49}$$

对比 $\Delta p_{(t)} = (\Delta p)_0\, \mathrm{e}^{-t/\tau}$，$L_{\mathrm p}$ 为非平衡少子浓度 Δp 减小为原值 $1/e$ 所经历的长度，即非平衡少子深入样品的平均长度，称为扩散长度。由于 $L_{\mathrm p} = \sqrt{D_{\mathrm p}\tau}$，$D_{\mathrm p}$ 为常量，因此测 $L_{\mathrm p}$ 可得 τ，即利用扩散长度法测量非平衡载流子寿命。

（2）样品厚为 w，且另一端可引出（抽出）。

$$\begin{cases} x = 0 \quad A + B = (\Delta p)_0 \\ x = w \quad A\mathrm{e}^{-\frac{w}{L_{\mathrm p}}} + B\mathrm{e}^{\frac{w}{L_{\mathrm p}}} = 0 \end{cases}$$

$$\Rightarrow A = \frac{\mathrm{e}^{\frac{w}{L_{\mathrm p}}}}{\mathrm{e}^{\frac{w}{L_{\mathrm p}}} - \mathrm{e}^{-\frac{w}{L_{\mathrm p}}}}(\Delta p)_0 \qquad B = \frac{-\mathrm{e}^{-\frac{w}{L_{\mathrm p}}}}{\mathrm{e}^{\frac{w}{L_{\mathrm p}}} - \mathrm{e}^{-\frac{w}{L_{\mathrm p}}}}(\Delta p)_0$$

$$\Delta p = (\Delta p)_0 \frac{\mathrm{e}^{\frac{w-x}{L_{\mathrm p}}} - \mathrm{e}^{-\frac{w-x}{L_{\mathrm p}}}}{\mathrm{e}^{\frac{w}{L_{\mathrm p}}} - \mathrm{e}^{-\frac{w}{L_{\mathrm p}}}} = (\Delta p)_0 \frac{\mathrm{sh}\!\left(\dfrac{w-x}{L_{\mathrm p}}\right)}{\mathrm{sh}\!\left(\dfrac{w}{L_{\mathrm p}}\right)} \tag{7-50}$$

讨论：

① 当 $w \gg L_{\mathrm p}$ 时（无限厚），有

$$\Delta p = (\Delta p)_0 \frac{\mathrm{e}^{\frac{w-x}{L_{\mathrm p}}} - \mathrm{e}^{-\frac{w-x}{L_{\mathrm p}}}}{\mathrm{e}^{\frac{w}{L_{\mathrm p}}} - \mathrm{e}^{-\frac{w}{L_{\mathrm p}}}} = (\Delta p)_0 \frac{\mathrm{e}^{\frac{w-x}{L_{\mathrm p}}}}{\mathrm{e}^{\frac{w}{L_{\mathrm p}}}} = (\Delta p)_0\, \mathrm{e}^{\frac{-x}{L_{\mathrm p}}}$$

与前面的结论一致，即

$$S_p = -D_p \frac{\mathrm{d}(\Delta p)}{\mathrm{d}x} = \frac{D_p}{L_p} \Delta p(x) \qquad (7\text{-}51)$$

② 当 $w \ll L_p$ 时（非常薄），有

$$\Delta p = (\Delta p)_0 \frac{\mathrm{sh}\left(\dfrac{w-x}{L_p}\right)}{\mathrm{sh}\left(\dfrac{w}{L_p}\right)} = (\Delta p)_0 \frac{\dfrac{w-x}{L_p}}{\dfrac{w}{L_p}} = (\Delta p)_0 \left(1 - \frac{x}{w}\right)$$

$$S_p = -D_p \frac{\mathrm{d}(\Delta p)}{\mathrm{d}x} = (\Delta p)_0 \frac{D_p}{w} \qquad (7\text{-}52)$$

式（7-52）为常数。

表明在样品很薄的情况下，Δp 还未来得及复合就已经被抽出，因此扩散流密度不变。该情况发生在晶体管中的基极区。三极管有基极、集电极和发射极，基极是小电流，通过集电极积累，到发射极是大电流，起到放大信号的作用。

（3）探针注入

球坐标的稳态扩散方程为

$$D_p \frac{1}{r^2} \frac{\mathrm{d}}{\mathrm{d}r}\left(r^2 \frac{\mathrm{d}\Delta p}{\mathrm{d}r}\right) = \frac{\Delta p}{\tau} \qquad (7\text{-}53)$$

令 $\Delta p = \dfrac{f(r)}{r}$

$$D_p \frac{1}{r^2} \frac{\mathrm{d}}{\mathrm{d}r}\left(r^2 \frac{\mathrm{d}\dfrac{f(r)}{r}}{\mathrm{d}r}\right) = \frac{f(r)}{r\tau}$$

化简得到

$$\frac{\mathrm{d}^2 f(r)}{\mathrm{d}r^2} = \frac{f(r)}{D_p \tau}$$

由于 $L_p = \sqrt{D_p \tau}$，$f''(r) - \dfrac{f(r)}{L_p^2} = 0$ （$r = \infty$ 时，$\Delta p = 0$，$f(r) = 0$，$\therefore B = 0$）

$$\therefore f(r) = A\mathrm{e}^{-\frac{r}{L_p}}$$

$$r = r_0, \quad \therefore \Delta p(r) = (\Delta p)_0$$

$$\Rightarrow A = r_0 (\Delta p)_0 \mathrm{e}^{\frac{r_0}{L_\mathrm{p}}}$$

$$\therefore f(r) = r_0 (\Delta p)_0 \mathrm{e}^{\frac{r_0}{L_\mathrm{p}}} \mathrm{e}^{-\frac{r}{L_\mathrm{p}}}$$

$$\therefore \quad \Delta p(r) = (\Delta p)_0 \left(\frac{r_0}{r} \right) \mathrm{e}^{-\frac{r-r_0}{L_\mathrm{p}}} \tag{7-54}$$

扩散流密度为

$$
\begin{aligned}
S_\mathrm{p} &= -D_\mathrm{p} \frac{\mathrm{d}(\Delta p)}{\mathrm{d}r} \\
&= -D_\mathrm{p} (\Delta p)_0 r_0 \frac{\mathrm{d}}{\mathrm{d}r} \left[\frac{1}{r} \mathrm{e}^{-\frac{r-r_0}{L_\mathrm{p}}} \right] \\
&= (\Delta p)_0 \frac{r_0}{r} \mathrm{e}^{-\frac{r-r_0}{L_\mathrm{p}}} \left(\frac{D_\mathrm{p}}{L_\mathrm{p}} + \frac{D_\mathrm{p}}{r} \right) \\
&= \Delta p(r) \left(\frac{D_\mathrm{p}}{L_\mathrm{p}} + \frac{D_\mathrm{p}}{r} \right)
\end{aligned}
\tag{7-55}
$$

与前面的平面扩散比较：$S_\mathrm{p} = -D_\mathrm{p} \dfrac{\mathrm{d}(\Delta p)}{\mathrm{d}x} = \dfrac{D_\mathrm{p}}{L_\mathrm{p}} \Delta p(x)$，多出了 $\dfrac{D_\mathrm{p}}{r} \Delta p(r)$ 这一项，这是由于探针注入这种扩散方式的径向运动本身就是一种扩散，起到了发散的作用。而对于这种扩散，若针尖很尖，即 $r_0 \ll L_p$ 时，$S_\mathrm{p}(r_0) = (\Delta p)_0 \left(\dfrac{D_\mathrm{p}}{L_\mathrm{p}} + \dfrac{D_\mathrm{p}}{r_0} \right) = (\Delta p)_0 \dfrac{D_\mathrm{p}}{r_0}$，则导致径向的扩散效果占据主导。

7.4　载流子的漂移运动（爱因斯坦关系式）

之前在第 6 章讲过漂移，但未涉及非平衡载流子的漂移。

电子：$(J_\mathrm{n})_漂 = nq\mu_\mathrm{n} |E| = (n_0 + \Delta n)q\mu_\mathrm{n} |E|$

空穴：$(J_\mathrm{p})_漂 = pq\mu_\mathrm{p} |E| = (p_0 + \Delta p)q\mu_\mathrm{p} |E|$

考虑非平衡载流子的情况下，若加上电场，则半导体中既有漂移运动，又有扩散运动。均匀半导体加外电场的情况下，其电子电流密度为

$$J_\mathrm{n} = (J_\mathrm{n})_漂 + (J_\mathrm{n})_扩 = nq\mu_\mathrm{n} |E| + D_\mathrm{n} q \frac{\mathrm{d}\Delta n}{\mathrm{d}x} \tag{7-56}$$

空穴电流密度为

$$J_p = (J_p)_{漂} + (J_p)_{扩} = pq\mu_p|E| - D_p q \frac{d\Delta p}{dx} \qquad （7-57）$$

漂移运动与扩散运动均存在于半导体中，又都与电子和空穴有关，那么这两种运动间有没有关系？代表漂移的 μ 和代表扩散的 D 之间有什么关系？

爱因斯坦建立了一个理想模型，对于热平衡时的非简并、非均匀半导体，在不加外场情况下，对半导体进行非均匀掺杂：N_t 随 x 增大而减小，如图 7-5 所示。

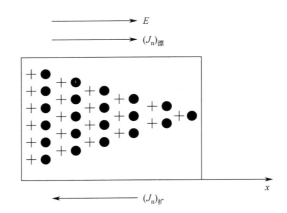

图 7-5 爱因斯坦建立半导体模型中载流子的扩散和漂移

由于电子的不均匀导致扩散，即

$$(J_n)_{扩} = D_n q \frac{dn_0(x)}{dx} \qquad （7-58）$$

因为无外场，在热平衡状态下，无外场故用 n_0 表示。由于非简并半导体，$n_0(x)$ $p_0(x) = n_i^2$，因为 $n_0(x)$ 随 x 的增大而减小，所以 $p_0(x)$ 随着 x 的增大而增大，所以空穴也存在反向的扩散运动：

$$(J_p)_{扩} = -D_p q \frac{dp_0(x)}{dx} \qquad （7-59）$$

扩散导致不能移动的正电荷和电子间产生了内建电场，该电场会产生漂移运动及漂移电流，即

$$(J_n)_{漂} = n_0(x) q \mu_n |E| \qquad （7-60）$$

$$(J_p)_{漂} = p_0(x) q \mu_p |E| \qquad （7-61）$$

由于半导体整体表现电中性，故有

$$J_n = (J_n)_{漂} + (J_n)_{扩} = 0, \quad J_p = (J_p)_{漂} + (J_p)_{扩} = 0$$

以电子为例

$$n_0(x) q \mu_n |E| = -q D_n \frac{\mathrm{d}n_0(x)}{\mathrm{d}x} \tag{7-62}$$

式（7-62）需要得到 $n_0(x)$、$\dfrac{\mathrm{d}n_0(x)}{\mathrm{d}x}$，根据 $|E| = -\dfrac{\mathrm{d}V(x)}{\mathrm{d}x}$，由于存在内在自建电场，原来的导带、价带均发生变化，即

$$\begin{cases} n_0(x) = N_c \exp\left(-\dfrac{E_c - qV(x) - E_F}{k_0 T} \right) \\[3mm] p_0(x) = N_v \exp\left(\dfrac{E_v + qV(x) - E_F}{k_0 T} \right) \end{cases} \Rightarrow \tag{7-63}$$

$$\begin{cases} \dfrac{\mathrm{d}n_0(x)}{\mathrm{d}x} = n_0(x) \dfrac{q}{k_0 T} \dfrac{\mathrm{d}V(x)}{\mathrm{d}x} \\[3mm] \dfrac{\mathrm{d}p_0(x)}{\mathrm{d}x} = p_0(x) \dfrac{q}{k_0 T} \dfrac{\mathrm{d}V(x)}{\mathrm{d}x} \end{cases}$$

将 $n_0(x)$、$\dfrac{\mathrm{d}n_0(x)}{\mathrm{d}x}$ 代入 $n_0(x) q \mu_n |E| = -q D_n \dfrac{\mathrm{d}n_0(x)}{\mathrm{d}x}$ 中，得到爱因斯坦关系式为

$$\frac{D_n}{\mu_n} = \frac{k_0 T}{q} \tag{7-64}$$

同样可得

$$\frac{D_p}{\mu_p} = \frac{k_0 T}{q} \tag{7-65}$$

以上公式是在热平衡状态下得到的，实验证明该公式在非平衡状态下也适用，主要原因在于晶格与载流子间的互动调节作用可以在短时间内使非平衡载流子变得与平衡载流子一样。

均匀半导体的总电流密度为

$$J = J_n + J_p = q \mu_n \left(n|E| + \frac{k_0 T}{q} \frac{\mathrm{d}\Delta n}{\mathrm{d}x} \right) + q \mu_p \left(p|E| - \frac{k_0 T}{q} \frac{\mathrm{d}\Delta p}{\mathrm{d}x} \right) \tag{7-66}$$

非均匀半导体的总电流密度为

$$J = q \mu_n \left(n|E| + \frac{k_0 T}{q} \frac{\mathrm{d}n}{\mathrm{d}x} \right) + q \mu_p \left(p|E| - \frac{k_0 T}{q} \frac{\mathrm{d}p}{\mathrm{d}x} \right) \tag{7-67}$$

本章综合案例

1. 撤去光照后，非平衡载流子浓度随时间变化的关系。

2. 恒定光照下，非平衡载流子浓度随时间变化的关系。

参考文献

[1] 刘恩科，朱秉升，罗晋生. 半导体物理学（第7版）[M]. 北京：电子工业出版社，2008，326-327.

致　谢

本书的顺利完成离不开同事和同行的支持与帮助。感谢河南科技大学教务处对教学改革的大力支持，感谢河南科技大学物理工程学院对半导体物理混合式教学模式改革与实践的支持与帮助，感谢院内新能源材料与器件、材料物理专业同人的研讨与协助。

特别感谢李新忠院长对本教学模式的认可与支持。感谢王辉、巩晓阳副院长在建课、教改方面的技术支持和鼓励。感谢金秀娟、杨娇、李高杰在课程思政、题目设计和授课经验方面的交流与帮助。感谢学校现代教育中心的杨文丰、张洁雨、田果老师给予课程录制方面的大力支持和指导。感谢学校网络信息中心提供的智慧教室和技术支持。

感谢西安交通大学的刘恩科先生，刘先生等编著的《半导体物理学》使我受益匪浅。感谢北京大学叶良修先生，叶先生编著的《半导体物理学》帮助我解决诸多疑难。感谢复旦大学蒋玉龙教授、同济大学王祖源教授，《复旦大学"以学为中心"的混合式教学案例集》和《基础 SPOC 的大学物理混合式教学设计》两本书给予我很多创作灵感和架构借鉴。

感谢物理工程学院尤其是新能源材料与器件、材料物理专业的同学们，他们积极参与、勇于进取、乐观向上的精神推动着我不断前行且不敢有丝毫懈怠。

最后，感谢我的妻女，她们的理解和支持使我可以全心投入此书。感谢我的父亲杜在胜和母亲葛善莉，他们虽然文化程度不高，但父亲的正直、坚贞和母亲的勤劳、朴实塑造了我的灵魂，父亲在此书成稿前夕溘然离世，谨以此书告慰我父在天之灵。

反侵权盗版声明

电子工业出版社依法对本作品享有专有出版权。任何未经权利人书面许可，复制、销售或通过信息网络传播本作品的行为；歪曲、篡改、剽窃本作品的行为，均违反《中华人民共和国著作权法》，其行为人应承担相应的民事责任和行政责任，构成犯罪的，将被依法追究刑事责任。

为了维护市场秩序，保护权利人的合法权益，我社将依法查处和打击侵权盗版的单位和个人。欢迎社会各界人士积极举报侵权盗版行为，本社将奖励举报有功人员，并保证举报人的信息不被泄露。

举报电话：（010）88254396；（010）88258888
传　　真：（010）88254397
E-mail：　dbqq@phei.com.cn
通信地址：北京市万寿路 173 信箱
　　　　　电子工业出版社总编办公室
邮　　编：100036